Windows Server 2003

技術手冊　伺服器建置篇

蔡一郎・許雅惠　著

序

　　網際網路影響而人類的生活，在網路中提供各種網路服務的伺服器，扮演著相當重要的角色，因此在目前的網路環境中，網路伺服器的建置與管理，往往考驗著系統管理人員的技能，Windows Server 2003提供了一個功能相當完整的平台，可以提供各種目前網際網路上常用的伺服器服務，透過組態環境的設定，就能夠提供所需要的服務，本書著重在各種伺服器的建置，針對不同的伺服器進行深入的介紹，完整的說明各種建置的技巧，以期能夠協助讀者完成各種網路伺服器的規劃與建置。

　　全書分成「系統管理篇」以及「伺服器建置篇」兩部份，本書為伺服器建置的部份，內容涵蓋了基本的伺服器管理技術以及伺服器服務的建置，在伺服器的管理著重在使用者權限與服務項目的管理，透過Windows Server所提供的管理介面，進行相關環境的設定，另外在網路服務方面，則包括Internet Information Services、應用程式伺服器、終端機服務、媒體伺服器、DNS伺服器以及郵件伺服器等，透過運作原理的介紹以及實務的建置，對於需要架設網路服務伺服器而言，提供多種解決方案，能夠因應各種情況的需求，以建立一個可靠而且容易維護的網路服務為目標。

　　最後，這是筆者第一次採用BOD的方式發行著作，感謝秀威資訊提供所需要的協助。

蔡一郎・許雅惠

yilang@mail.index.idv.tw

sunny@mail.index.idv.tw

目 次

伺服器建置篇

Chapter 1　伺服器管理

伺服器服務篇

Chapter 7　郵件伺服器

伺服器建置篇

Chapter 1

伺服器管理

1-1　管理您的伺服器

　　從Windows 2000 Server開始，對於伺服器的管理上，就提供了一個整合性的管理界面，可以讓使用者針對各種不同的伺服器進行設定，而最新版的Windows Server 2003更增強了設定與管理方面的功能，可以讓我們直接針對伺服器所要扮演的角色進行相關參數的設定，例如：應用程式伺服器、檔案伺服器、郵件伺服器以及網域控制站等，都可以輕易的搭配設定精靈，快速的完成角色的設定，以提供所需要的服務。

　　伺服器的管理對於目前的網際網路世界而言是相當重要的，不論大至公司行號、中小企業或是機關團體，或是小至個人用戶，都有建置網路伺服器的需求，而Windows所提供的各種伺服器服務，就能夠滿足絕大多數的要求，不過以系統安全的角度來看，一台架設在網路上的主機，都會規劃成不同的角色，有時候同一台主機雖然會同時扮演不同的角色，但是在系統的管理上，不在規劃中預計要提供的服務，就應該不啟用該項服務，以避免增加遭到入侵的機會，因為系統本身可能潛存許多的漏洞，這些系統的漏洞，就可能讓駭客有可趁之機，這對於系統管理人員而言是相當重要的，在正式運作的主機，需要定期的檢測目前正在提供的服務有那些，以提昇系統本身的安全性。

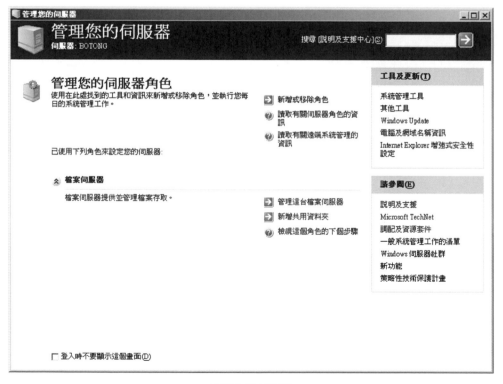

管理您的伺服器

開啟「管理您的伺服器」畫面，在這就可以看到目前正在執行的伺服器有那些，除了可以進行管理與設定的工作之外，也可以新增或是移除伺服器的角色，將所有的伺服器整合在同一個畫面進行管理，可以減少花費在設定與調校上的時間。

Windows Server 2003提供了以下多種不同的伺服器：

◆ 檔案伺服器

◆ 列印伺服器

◆ 應用程式伺服器

◆ 郵件伺服器

◆ 終端機伺服器

◆ 遠端存取或VPN伺服器

◆ 網域控制站

◆ DNS伺服器

◆ DHCP伺服器

◆ 串流媒體伺服器

◆ WINS伺服器

這些不同用途的伺服器，在後續的章節中都會進行深入的介紹，配合實務建置的過程，提供大家一份完整的參考資料，相關的部份可以參考後續的內容。

設定您的伺服器

在這先簡單的介紹一下伺服器的設定流程，至於詳細的設定方式，留待後續的章節再詳細的介紹，主要先讓大家熟悉一下伺服器的設定與管理的界面，瞭解Windows Server 2003所提供的設定方式，透過內建的精靈，就可以完成相關伺服器的設定。

step 1 啟動設定你的伺服器精靈，在這可以看到歡迎的畫面，如果對於各種伺服器的角色不瞭解，也可以利用這裏所提供的資料，進一步的查詢的相關的資訊。

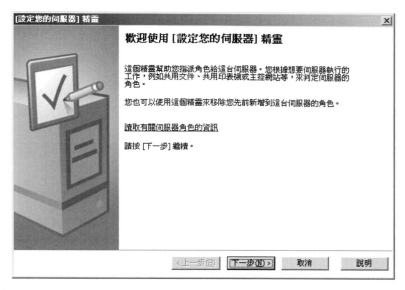

設定您的伺服器精靈

step 2 在「預備步驟」中，必須先確定所列的這些步驟都已經完成，才能夠順利的繼續執行，可以參考畫面中的提示，這些步驟雖然並不一定是必要的，不過在設定伺服器的過程中，將有可能會使用到這些裝置或是需要提供相關的程式，因此除非對於所要設定的伺服器角色，不然的話最好仍然備齊所建議的環境。

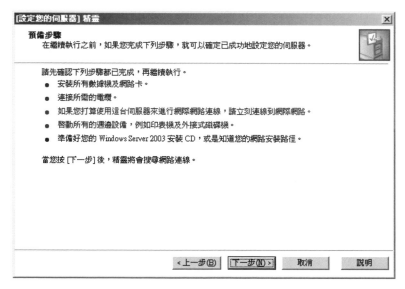

預備步驟

step 3 精靈將會自動透過網路進行偵測，以確定目前區域網路的狀態，例如：是否存在其它相同功能的伺服器等，利用自動分析的方式，可以協助我們進行後續的環境設定，以確定所建置好的伺服器能夠符合使用上的需求，也可以確保能夠正常的運作，或是與其它的伺服器協同運作，整個分析的程序，需要花費一些時間。

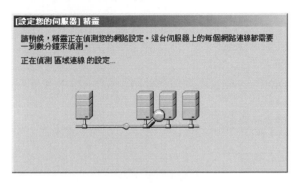

偵測區域網路的設定

step 4 選擇想要設定的伺服器角色，在清單中可以看到目前每一個角色的情況，如果點選這些項目，在右方將會出現相關的說明，以協助使用者瞭解這些項目所代表的意義。

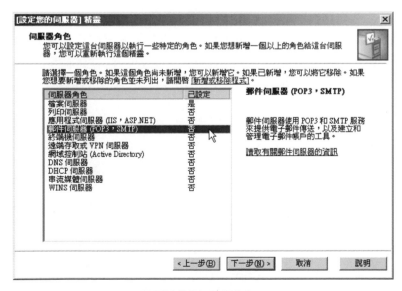

選擇新增的伺服器角色

step 5 接下來的程序，就會因為使用者所要新增的角色不同，而必須進行不同的設定了，以新增郵件伺服器為例，則必須設定使用者的驗證方法以及指定電子郵件網域的名稱，如果所選擇的是其它的伺服器，則在設定的項目上會有所不同。

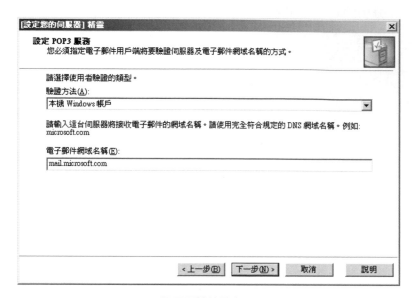

相關屬性的設定

後續的程序就留待相關的章節再進行介紹了，不論設定那一項伺服器服務，大多是依循這樣的流程，配合設定精靈的引導，回應所需要提供的資料，就可以輕易的完成相關的設定，對於使用者而言是相當便利的設計，這些不同的服務的詳細設定內容，在後續的章節中將深入的介紹。

管理目前的服務

在「管理您的伺服器」畫面中，下方的位置將會顯示目前安裝到系統中的伺服器服務，針對這些不同功能的服務，我們可以在這直接進行管理與調校的工作，在不同的伺服器中，所提供的管理功能亦不相同，不過大致上都是針對這些伺服器所提供的服務進行相關的設定，以下將簡單的介紹檔案伺服器的管理服務，詳細的管理技術以及其它的種類的伺服器，可參考後續的章節。

管理這台伺服器

　　進入檔案伺服器的管理畫面，這是Windows所提供的嵌入式管理界面，可以針對特定的主題，整合不同的資源，以提供整合性的管理方式，透過單一界面就能夠同時處理相關的設定，或是提供相關的工具，節省使用者在管理伺服器時，需要切換到不同的設定畫面或是執行其它工具程式時的不便，以目前所介紹的檔案伺服器而言，則在整個管理的界面中，整合了共用資料夾的管理、目前工作階段的管理、開啟檔案的管理、磁碟重組工具以及電腦管理等多項功能，在這所提供的功能或是工具，都是與檔案伺服器的運作相關的，而整合後的界面，就能夠讓使用者同時擁有這些管理工具。

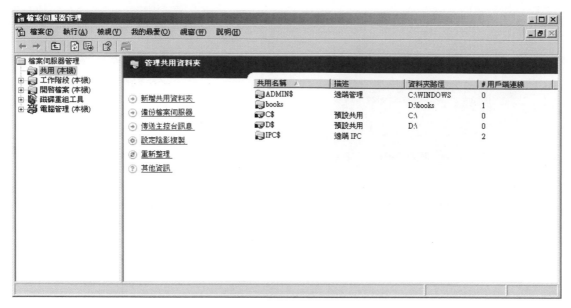

檔案伺服器的管理界面

在這我們可以利用左邊的選單,切換到不同的項目,就能夠開啟所指定的功能或
是執行相關的工具程式,直接進行相關的設定,對於使用者而言是相當便利的設計,
以工作階段的管理而言,可以向所有線上的使用者傳送訊息,或是中斷目前使用者的
連線服務等,都可以依據實際使用的情況進行處理。

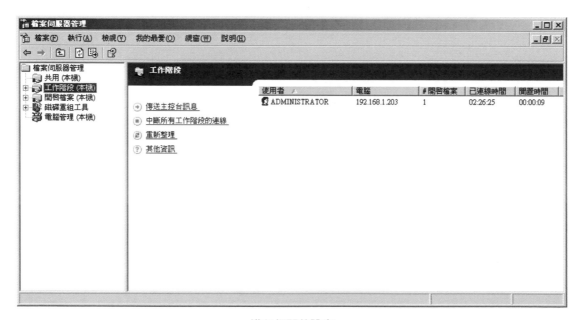

進行相關的設定

　　針對伺服器的管理而言，在某些情況下可能必須進行一些相關的設定，以檔案伺服器而言，可能必須建立新的共用資料夾，提供其它的檔案資源，在管理的模式中就直接提供了「新增共用資料夾」的選擇，就可以直接開啟「共用資料夾精靈」以便進行相關的設定，以管理者的角度而言，提供相當直覺式的操作模式，除了可以減少操作與設定的程序外，也可以提供學習的效率。

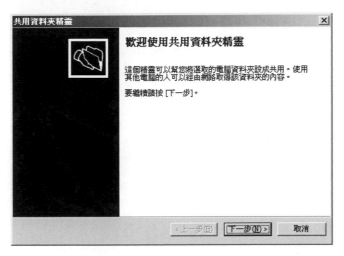

共用資料夾精靈

　　透過管理界面的整合，讓伺服器的管理工作變得更為輕鬆，尤其當一台主機需要同時扮演多種伺服器角色時，整合性的管理模式，就能夠發揮更大的效益，減少操作上的麻煩與所花費的時間。

工具及更新

在管理界面中亦同時提供了其它的工具以及系統的更新的服務，以下將針對這些工具做個簡單的介紹，詳細的參數設定以及使用的技術，將留待後續的章節再進行深入的討探。

◆系統管理工具

將Windows Server 2003本身所提供的多種管理工具建立一個開啟的捷徑，直接由管理界面就能夠開發而不需要由「開始」功能表中來執行這些工具，減少移動滑鼠以及執行程式所花費的時間，這些工具可以直接針對目前系統進行調校或是讓管理人員能夠輕易的檢查目前系統的狀態，達到確實掌握系統資源的目標。

系統管理工具

◆其它工具

除了與伺服器相關的設定外,為了維持系統運作的穩定性,還提供了多種不同的工具,例如:說明及支援中心工具、命令列的參照、介紹系統管理工具參照以及其它 Windows Resource kit工具,以提供更完整的資源,協助管理人員維運系統的運作。

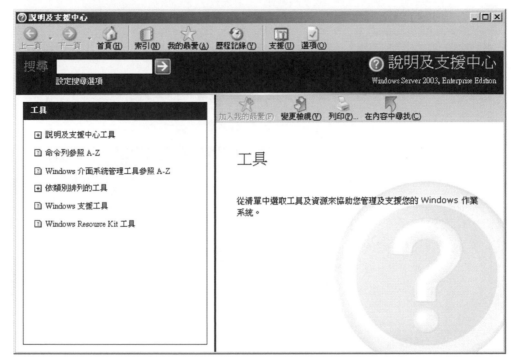

說明及支援中心

在「我的電腦資訊」項目中，我們可以看到目前電腦系統的詳細資料，包括了系統的規格、作業系統、記憶體、處理器、電腦資訊以及本機磁碟機的使用情況，這些資料可以做為管理或檢測系統環境時的參考。

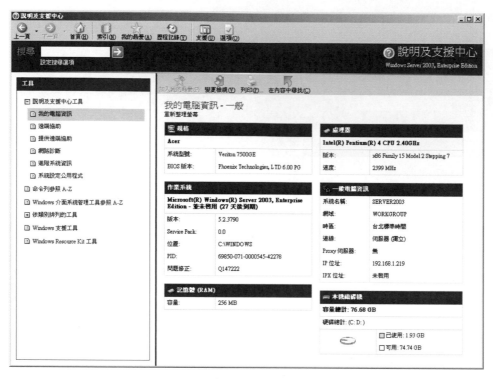

我的電腦資訊

　　系統在運作的過程中，或是在啟用伺服器時，對於某些功能或是錯誤的處理方面，可能需要其它人的協助，以往遇到這類的問題時，都需要請別人透過電話講解，或是到電腦放置的地點進行處理，不過隨著網路時代的來臨，從Windows XP開始使用者就可以利用「遠端協助」的功能，邀請其它的專家來協助我們處理問題，在Windows Server 2003也提供了同樣的功能，能夠讓我們透過網際網路，直接取得所需要的協助。

遠端協助

　　透過「提供遠端協助」的功能，系統管理人員或是MIS人員再也不需要到對方的電腦前才能夠處理問題，利用網路將對方的電腦畫面傳送回來，讓我們接管電腦的運作，找出發生問題的關鍵，這些都可以直接在網路的世界中完成，減少花費在人員奔波往返的時間，只需要輸入對方的電腦名稱或是IP位址，就可以進行連線的程序。

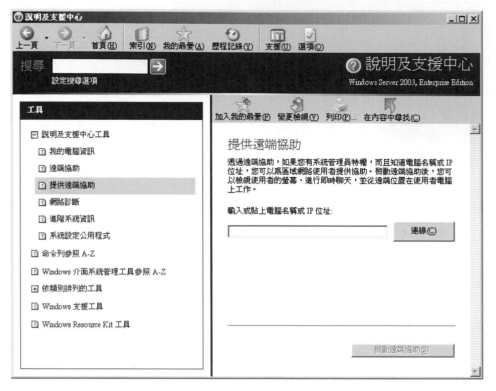

提供遠端協助

網路對於伺服器而言是相當重要的界面，在Windows Server 2003提供的工具中，包括了一個網路診斷的功能，可以讓我們針對一些與網路相關的項目進行檢測，以確定所有的網路設定符合實際使用時的需求。

掃瞄項目的設定

　　確定所要進行掃瞄的項目後，就可以開始網路診斷的程序了，這需要花費一些時間，完成資料的搜集後，就可看到掃瞄的結果，包括了網際網路服務、電腦資訊以及數據機與網路配接卡等三大類別，這些主要的類別中，細分了許多的項目，這些項目與我們所設定要進行診斷的選項有關。

診斷的結果

對於想要查閱詳細資料的項目，只需要展開清單中的項目即可，這些資訊會包括了硬體以及系統環境的設定，如果先前已指定要進行測試的項目，在這將會同時顯示測試的結果，例如：通過或是失敗，如果無法通過測試，則可以根據錯誤訊息，針對發生錯誤的原因尋求解決的方法。

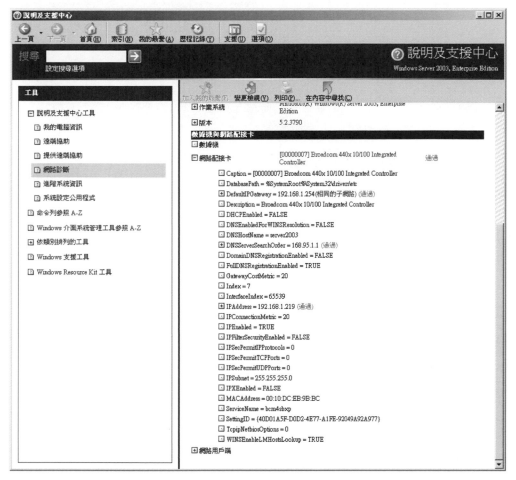

測試的項目與結果

　　以伺服器的管理而言，需要特別留意與系統運相關的訊息，因為每一筆訊息，都可能隱藏著危機，例如：系統的設定問題、外來的入侵問題等，這些大大小小的問題，皆是造成系統不穩定的因素之一，因此檢視系統的記錄是相當重要的一件事，在「進階系統資訊」的項目中，提供了「檢視詳細系統資訊」、「檢視執行中的服務」、「檢視套用的群組原則設定」、「檢視錯錯記錄檔」以及「檢視其它電腦資訊」等多項功能，可以讓我們對於系統做個最完整的檢驗。

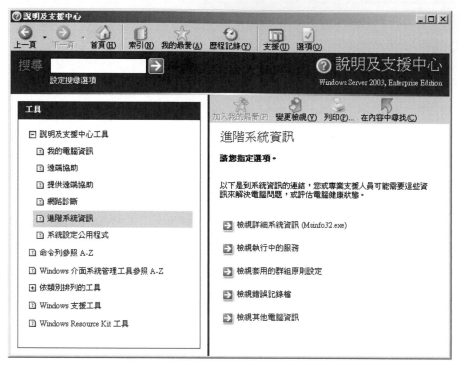

進階系統資訊

　　雖然可以從控制台中得到與系統相關的資訊，不過以系統管理的角度來看，這些資訊是不夠的，在詳細的系統資訊中，除了硬體方面的資料外，還包括了系統方面的資訊以及目前系統的運作情況，其中以實體記憶體與虛擬記憶體的使用狀態最為重要，如果系統可用的記憶體不足或是分頁檔過大時，將會影響系統運作的效能，因此如果當做伺服器用途的主機，記憶體至少都會建議安裝512MB以上，當使用者增多時比較不會影響系統本身的效能。

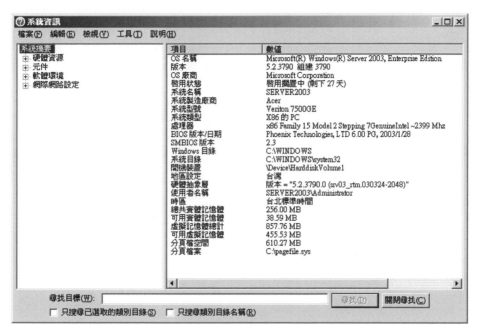

詳細的系統資訊

　　瞭解目前正在執行中的系統服務是一件相當重要的事，Windows Server 2003可以提供多種不同的系統服務或是網路服務，因此當我們著手進行規劃時，大多就會決定將建置出何種運作的環境，以提供所需要的服務，所以在系統運作時，對於一些非必要性，或是根本未規劃提供的服務，就應該停止該項功能，尤其是網路方面的服務，更是需要確實把關，因為每提供一項服務，就會開啟一個以上的連接埠，這些用來通訊的連接埠，都有可能會成為駭客入侵的管道，所以當系統不提供的服務，就應該將它停止，以避免造成系統的漏洞，只開放想要提供的服務，或是必須的服務，才能夠提昇伺服器本身的安全性，在這所列的服務項目中，有些與所連接的硬體相關，例如：UPS服務，必須要使用UPS來提供主機電力，然後配合UPS的監控程式，才能夠發揮作用。

　　至於服務的啟動狀態，可以分成「自動」、「手動」以及「停用」三種，「自動」啟動會在進行作業系統時自動啟用該項服務，因為會自動啟用，因此在設定時需要特別留意，必須確定是想要一啟動作業系統時，就必須被執行的服務項目，才能夠設定在「自動」的狀態，而「手動」啟動則必須由使用者自行執行該項服務，而「停用」服務則會關閉所提供的服務項目。

進階系統資訊－服務

　　在管理系統的過程中，我們會將不同性質的使用者，歸類成不同的群組，然後再針對群組所具備的屬性與權限進行設定，再將使用者歸屬於適合的群組中，這種管理的模式，可以讓我們有效的針對系統進行各種管制的工作，也可以避免未經授權的使用者，取得不適當的資源，在進階系統資訊的原則項目中，可以看到目前的電腦資訊、已套用的群組原則物件、套用群組原則時的安全性成員資格等相關的項目，這些資料可以提供使用者檢視現有的群組原則是否適當，做為重新調整時的參考。

進階系統資訊－原則

伺服器是以提供服務為主，因此瞭解系統的運作狀況是相當重要的，因此對於一些系統所發生的錯誤，必須能夠完全的掌握，而系統本身都會提供系統紀錄檔（Syslog）的設計，將各種系統所產生的錯誤訊息，儲存到記錄檔中，以提供管理人員或是使用者找尋發生的問題時，可以有份參考的資料，因此在進階系統資訊的錯誤記錄檔項目中，就提供了發生系統錯誤時，所記錄下來的訊息，包括了日期與時間、來源以及系統所提供的描述，根據這些錯誤訊息，可以依此來尋找解決的方法，例如：發生Windows本身內附的驅動程式不支援目前的硬體時，就會記錄下相關的訊息，我們就可以依據訊息的內容，來更新該硬體的驅動程式，很快就可以解決類似的問題，因此系統的錯誤記錄檔對於系統的管理而言是相當重要的，必須定期的檢視這些資料。

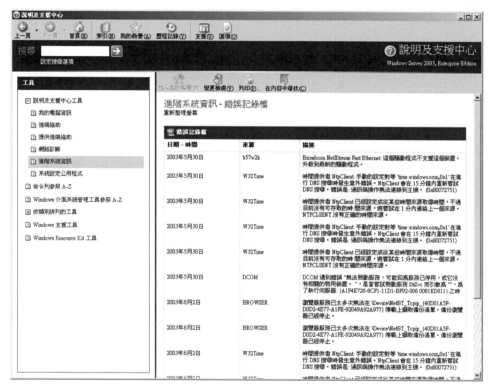

進階系統資訊－錯誤記錄檔

　　系統設定公用程式，提供微軟的技術人員在診斷系統問題所使用的程序，這些程序與步驟可以協助我們解決一些常見的問題，另外在系統設定公程式中，除了一般的設定外，也可以針對系統啟動時三個相當重要的檔案進行設定，分別是system.ini、win.ini以及boot.ini，可以直接檢視這三個檔案的內容，並且進行修改，有一些設計不良的程式，或是與系統相關的程式，往往在安裝的過程中，可能會更動到這些檔案，以便在重新啟動電腦時，能夠自動執行預設的程序。

系統設定公用程式

在「服務」標籤頁中,則針對服務的項目進行設定,可以將服務設定在啟用或是停用的狀態,在這也可以看到這些服務的項目是由那一家製造商所提供的程式所驅動,其中絕大多數是由微軟所提供的,因此如果想要快速的找到其它應用程式所載入的服務,可以利用啟用「隱藏所有Microsoft服務」的功能。

系統的服務

而「啟動」標籤頁中所列的啟動項目,一樣是在啟動電腦時會自動執行的程式,與系統服務的差異就在於這些啟動項目在執行後將會顯示在工具列上,方便使用者操作,因為這些啟動項目大多與系統的資源有關,例如:音量控制、應用程式所安裝的監控程式等,不過如果想要啟用或是關閉這些啟動項目,同樣可以在這直接進行設定。

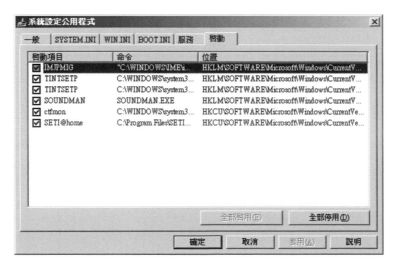

啟動的項目

　　命令列參照所提供的資料，是在命令提示字元下所執行的指令，雖然Windows是以圖形化的使用者界面為主，不過在某些情況下，仍然會使用到命令列的方式執行程式，例如：當使用者想要測試網路組態以及網路是否連通時，使用命令列來執行ipconfig、ping或是tracert等指令，實際在運用上比起一些視窗下的軟體來得方便，因此熟悉一些常用的命令，對於系統的操作而言是較為方便的。

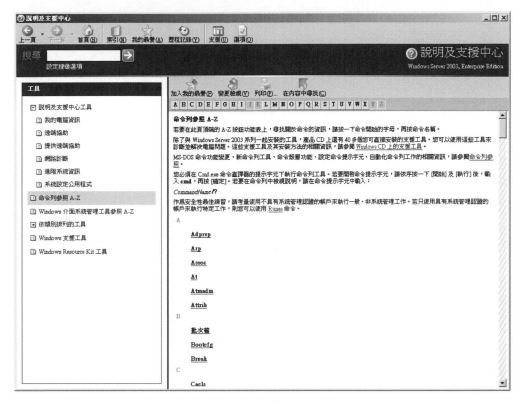

命令列參照

Windows介面系統管理工具參照，整理了各種不同的管理工具以及名詞，提供一份完整的線上查詢資源，只要對於系統的管理上有疑問，或是對於某一個名詞不瞭解，則可以透過這份資料來搜尋相關的資訊。

Windows介面系統管理工具參照

　　針對不同的作業需求，在這依照不同的類別將各種適用的工具整合在一起，以提供使用者完整的資源，在進行系統環境的設定與調校上，可以透過這些工具的搭配，縮短所花費的時間，分成了多種不同的類別，只需要直接點選該類別，就可以看到各個類別所提供的工具，方便我們直接使用，另外這樣的設計方式，尤其對於剛學習系統管理工作的人而言，可以提供較大的助益，能夠針對想要使用的服務，配合所提供的工具就可以完成設定的工作，而不會因為對於系統較為陌生，因為部份的設定不完整或是遺漏，而造成無法發揮預期的功能。

依類別排列的工具

Windows支援工具,附在原版光碟的\support\Tools資料夾中,執行suptools.msi就可以進行安裝的程序,再依照畫面上的說明,就可以完成設定的動作,這些工具可以視實際的使用情況來決定是否安裝。

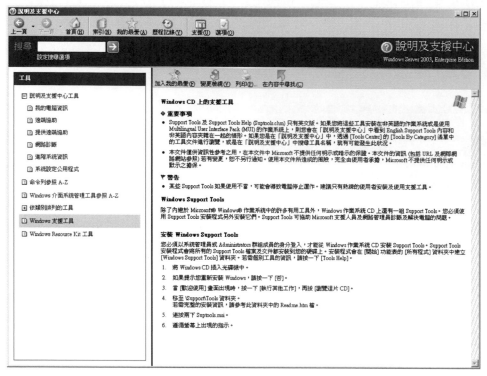

Windows支援工具

Windows是一套功能相當龐大的作業系統，對於系統管理人員而言，想要熟悉所有的功能，需要花費一番的功夫，不過因為網際網路的便利性，讓學習的效率可以縮短，但是所能夠獲得的資源，比起以往卻大幅的增加，在這我們可以直接透過網路來取得豐富的技術文件，這也會包括微軟所發佈關於系統發展方面的消息。

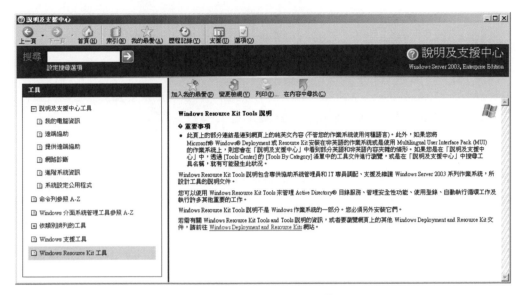

Windows Resource Kit工具

在Deployment and Resource Kits的網站上，除了Windows Server 2003之外，還有其它不同版本的作業系統資料，因為在一個現實的環境中，並非所有的使用者都會採用相同的作業系統，而這些不同的作業系統，例如：Windows 98/Me/2000/XP之間的資源整合與相容性的問題，對於一般的使用者與系統管理人員而言，都是相當重要的。

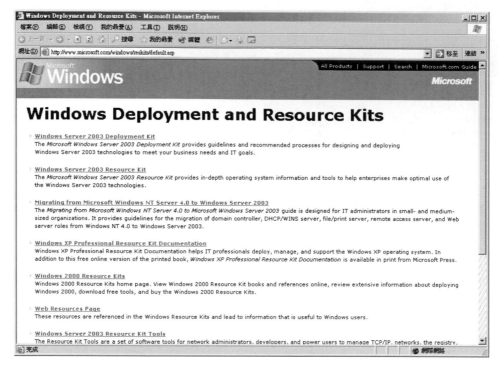

Windows Deployment and Resource Kits的網站

◆Windows Update

對於一個提供網路服務的伺服器而言，作業系統的穩定性以及安全性顯得額外的重要，除了七天廿四小時不中斷的提供服務之外，如何減少系統潛存的漏洞，避免因為作業系統或是工具程式本身的Bug而造成的當機或是無法提供正常服務的情況發生，這對於系統管理人員而言，是相當重要的一件工作，除了每天檢查網站是否有公佈新的修正程式外，作業系統本身亦提供線上更新的服務，利用Windows Update的功能，可以讓我們透過網路來取得最新的更新程式，以彌補已知的系統問題。

線上更新的服務，在使用上相當的便利，在管理伺服器的界面中，我們可以直接利用右方的連結，連接到微軟線上更新網站，如果對於需要更新的項目不甚瞭解，Windows亦提供了一個相當貼心的設計，可以自動的進行程式版本的比對，當遇到版本上的差異時，就可以讓我們選擇是否要更新該程式或是選擇保留，管理人員可以

依據該項建議更新的程式介紹，來決定是否進行更新的程序，有時候一些非必要性與急迫性的更新，並無法立即看到更新後的結果，但是至於是否進行更新，主要必須分析該項系統問題對於作業系統或是應用程式本身所造成的影響有多大，例如：如果屬於系統安全上的問題，則建議立即進行更新的程序，但是如果單純只是應用程式的問題，而又沒有一定要進行更新程序的要求，則可以依據實際使用的情況，來選擇是否進行程式的更新。

Windows Update的網站

◆電腦及網域名稱資訊

電腦以及網域的名稱，就代表者這台電腦在網路上的名稱，這個名稱在同一工作群組中，不可以與其它的設備使用相同的名稱，必須是唯一的，否則將會發生名稱衝突的情況，因此在設定電腦的名稱時，必須特別留意。

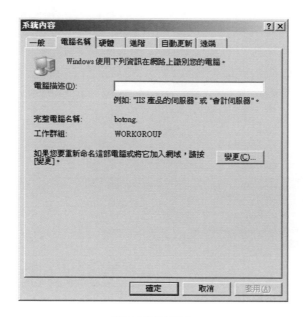

電腦名稱的設定

　　除了使用工作群組的方式進行使用者的管理之外，一般在較具規模的企業或是網路環境，大多數的情況會透過網域的方式來管理各個使用者，不過如果要使用網域的方式，必須配合DNS伺服器的架設，關於DNS伺服器的架設將在後續的章節會深入的介紹，如果將成員分別歸屬於某個網域，則使用者必須登入網域才能夠使用網域中所提供的服務，例如：印表機與資料的共享等。

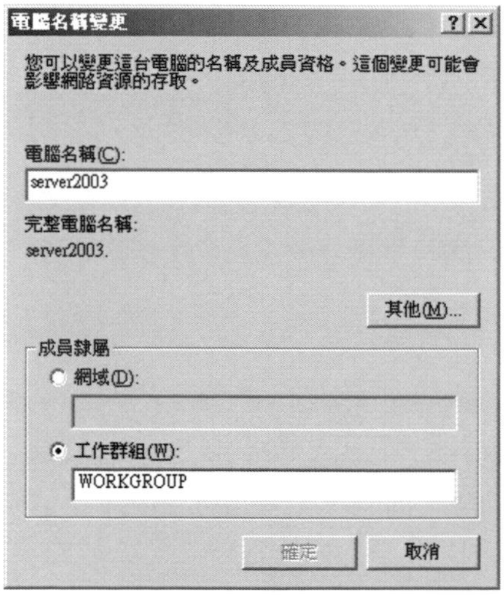

電腦名稱變更

◆Internet Explorer增強式安全性設定

　　Internet Explorer增強式安全性設定可以提昇伺服器本身的安全，減少可以因為開啟網頁時，因為觸發了某些應用程式指令檔或是隱藏在網頁中的Script，造成系統穩定性降低或是遭到外來攻擊的情形發生，不過安全與便利性往往是一體的兩面，當系統的安全提高了，就會造成使用上的不便，啟用了Internet Explorer增強式安全性設定後，將會造成某些網站無法正常的瀏覽，因為這些網站可能使用了一些包含在安全性設定中所阻擋的程序，因此對於安全性設定而言，可以針對實際的需求，來決定所採用的安全等級。

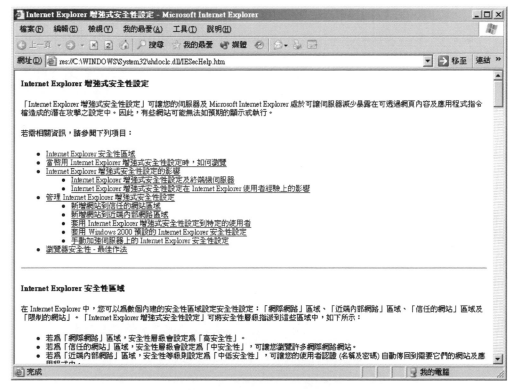

Internet Explorer增強式安全性設定

　　對於網路上的網站或是資料的存取，可以依據作業時的需求，來設定相對應的安全性，在這預設了四種不同區或的安全等級設定，在這些區域中可以依照實際的狀況來決定安全性等級，當然使用者可以自己設定安全的層級或是允許特定的的網站不受到限制。

安全區域的設定

　　在信任的網站中，可以讓使用者自行加入可以信任的網站，如果使用較高的安全性等級，經常都會出現警告的訊息，因此如果對於一些我們可以信任的網站，就可以直接將該網站的網址加入信任的網站中，這是針對不同區域進行的設定。

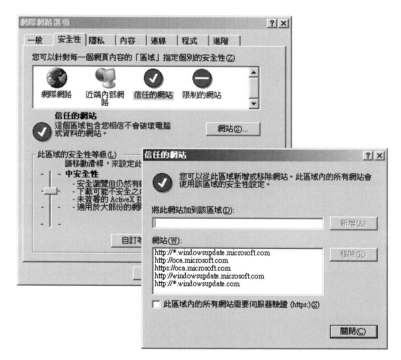

信任的網站

線上文件

Windows Server 2003提供了相當多樣化的功能，涵蓋了伺服器、系統管理、應用程式等多種不同的角色，因此針對這些不同的功能，提供使用者一個相當豐富的線上支援文件，以有效的協助使用者快速的學習並且完成所需要的設定，而這些說明文件除了分散在各個不同的設定畫面之外，我們也可以直接利用說明及支援的功能進行相關的搜尋，除了本身所提供的資料之外，也能夠透過網路取得更多的資訊。

◆說明及支援

這是一份相當完整的內容，依照不同的主題，歸類了多種不同的說明內容，可以讓使用者快速的找到所需要的資料，另外也可以直接輸入關鍵字進行搜尋的程序，也能夠針對所提供的條件，找到相似的資訊，就可以取得豐富的參考資料。

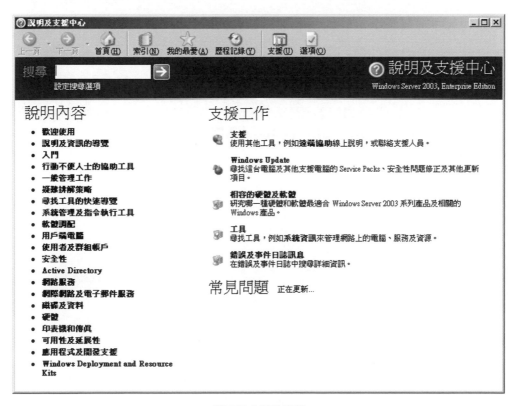

說明及支援的資訊

◆Microsoft TechNet

微軟的資訊技術人專屬支援網站TechNet可提供使用者關於作業系統方面相當完整的資訊，對於系統的更新以及系統管理的技術都有深入的討論，而且會定期針對不同的主題進行介紹，可以提供相關的學習教材，而網站上也會提供一些系統管理或是功能調校的設定方式，這些與系統相關的資料，往往是解決一些疑難雜症的處方，因此可以直接訂閱相關的電子報或是經常到訪這個專屬的技術支援網站，就可以取得較新的資訊。

Microsoft TechNet的網站

◆調配及資源套件

提供資訊查詢的管道，可以提供管理人員在使用與操作Windows Server 2003時所需要的技術，透過說明與支援中心所提供的文件，對於各種不同的需求與環境的設定，都能夠迅速的提供相關的文件，以因應實際運用所需要的資訊。

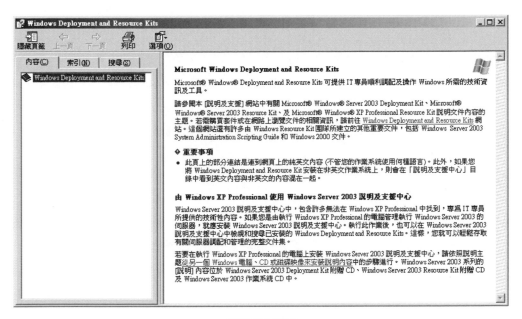

資訊查詢服務

◆一般系統管理工作的清單

　　針對日常的系統管理工作，在線上說明的文件中，整理了一份相當完整的資訊，可以讓管理人員快速的熟悉每一個系統管理的工作，在這透過詳細的說明，配合操作步驟的引導，能夠快速的完成所需要設定的項目，因此如果對於某些功能的設定不熟，或是想要深入的瞭解相關的資訊，在這可以取得所需要的資料。

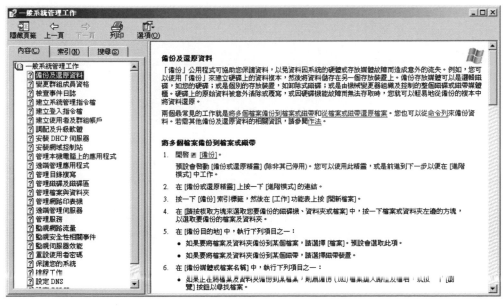

一般系統管理工作

◆Windows伺服器社群

　　Windows伺服器社群可以提供一個能夠與其它人經驗、技術分享的平台，透過社群的整合，可以讓相關工作領域的人，或是對於Windows Server有興趣的人能夠在這所有發揮，不論是幫助其它的技術人員，或是取得其它人的協助，透過網站平台的互動，對於技術的精進有相當大的助益，而微軟會在透過這樣的平台，發佈一些較新的資訊。

Windows伺服器社群

◆新功能

　　針對Windows Server 2003的新功能進行比較與分析，內容包括了新增的功能、以往功能的改良以各種不同版本之間的差異等，因此不論是否曾經使用過Windows Server，都可以在這取得所需要的資料，另外也針對作業系統的安裝與升級、伺服器所扮演的各種角色、叢集節點上的安裝與升級以及Windows產品的啟用，都提供了相關的說明。

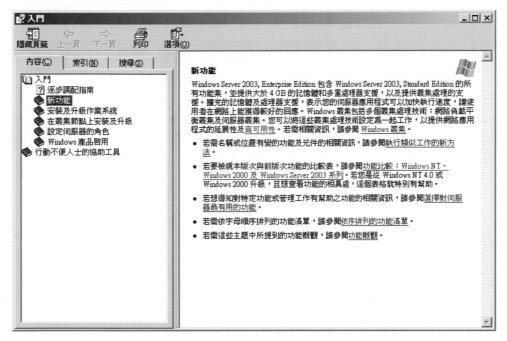

新功能的介紹

◆策略性技術保護計劃

　　對於軟系統安全性的保護上，透過網站即時發佈相關的訊息，可以取得最新的資訊，來修正系統可能潛存的安全漏洞，針對IT專業人員以及開發人員，提供了在系統維護以及開發軟體時，所需要具備的知識，針對一些已知的問題，也可以在這取得修正檔，或是改善的方式，讓所維護的系統與軟體都能夠符合安全的目標。

策略性技術保護計劃

　　Windows Server 2003透過整合式的管理界面，可以讓使用者透過單一操作畫面，就可以進行各個不同功能與服務的設定，而不需要開啟多個設定的畫面，執行不同的程序，才能夠完成所需要處理的工作，另外完整的線上文件，可以提供相當豐富的資訊，讓管理人員在設定各項功能時，都能夠取得相關的資訊，包括了功能解說、運作原理以及設定的流程等，如果所查詢的項目不包含在線上支援文件中，也可以直接透過網際網路連到微軟的技術支援網站，來取得更多的協助。

1-2　電腦管理

電腦的管理是一項相當重要的工作，包括了「系統工具」、「存放裝置」以及「服務及應用程式」三大類，這三個主要類別又細分了多個不同的管理項目，詳細的內容將會留待後續相關的章節再深入的進行介紹，在這一節中主要先讓大家熟悉一下電腦管理界面所提供的功能，大多數與系統管理相關聯的項目，都被整合到電腦管理中了，能夠讓管理人員直接在這進行各個項目的設定，例如：系統事件的檢視、共用資料夾的設定、使用者與群組的管理、效能記錄器的使用、裝置管理員等，如果想要啟動系統的服務或是應用程式，也可以直接在這啟動所想要使用的系統服務，並且決定啟動的方式，直覺式的管理方式，可以減少學習的時間，也能夠快速的完成所需要的設定。

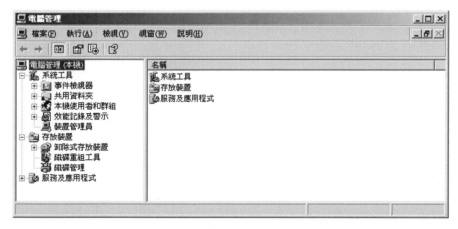

電腦管理

透過嵌入式管理界面的建置，可以將一些較為重要或是常用的管理單元納入，以提供我們一管理的平台，另外我們也可以依據個人需求，來建置專屬的嵌入式管理界面，以符合個人的工作習慣與使用時的需求。

系統工具

在系統工具的類別中，包括了「事件檢視器」、「共用資料夾」、「本機使用者和群組」、「效能記錄及警示」以及「裝置管理員」等幾個項目，這些功能都是在進行系統環境的設定時，經常會使用到的功能，因此在這就能夠直接進行相關的設定，而不需要個別開啟或是執行每一項功能，才能夠完成想要處理的工作，這也就是嵌入式管理界面所提供的便利性。

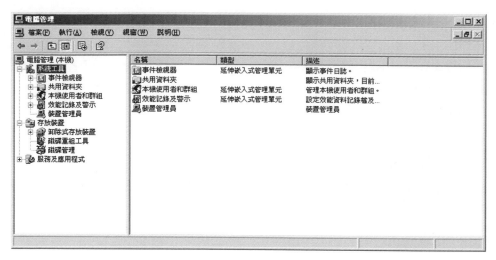

系統管理工具

存放裝置

在存放裝置的類別中，包括了「卸除式存放裝置」、「磁碟重組工具」以及「磁碟管理」等幾個主要的功能，在卸除式存放裝置中，主要是針對光碟機、磁帶機等儲存裝置進行管理，因為在伺服器的環境中，有時候為了安全上的考量，會針對系統檔案以及重要的檔案進行備份的處理，因此在這就可以直接對於這些裝置進行管理與設定。

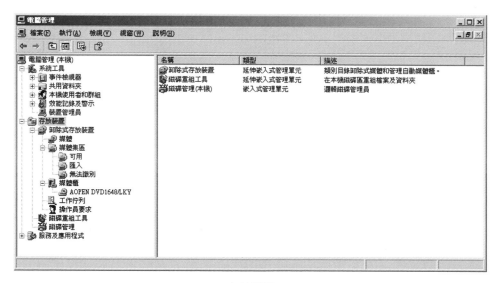

存放裝置

　　磁碟重組工具可以改善檔案過於分散的情況，以提昇磁碟的存取效能，因為過於分散的檔案，將造成檔案存取時，磁頭移動過於頻繁，而影響到系統整體的效能，因此定期利用內附的磁碟重組工具，可以提昇系統的效能，在這提供了分析以及磁碟重組的功能，如果僅想要分析磁碟的使用情況，則可以單純使用「分析」的功能，如果使用了磁碟重組的功能，則會先進行磁碟的分析，然後再進行磁碟的重組。

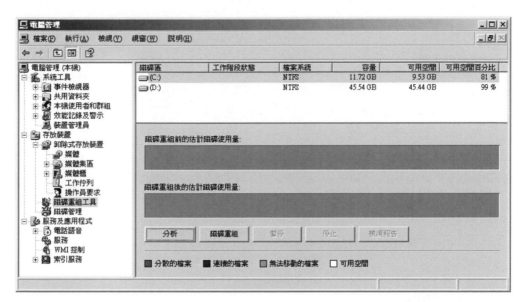

磁碟重組工具

　　在「磁碟管理」的項目中，可以看到目前系統中所安裝的磁碟機以及磁區的配置情況，在這也可以瞭解每一個磁區所使用的檔案系統、目前的狀態、磁區的大小、可用空間的大小、可用的百分比以及是否提供容錯功能，因此如果在系統中使用了RAID磁碟陣列的環境，在磁碟的管理而言就會顯示特別的重要，另外由磁碟的圖形中，也可以瞭解每一個磁碟分割區之間的關係。

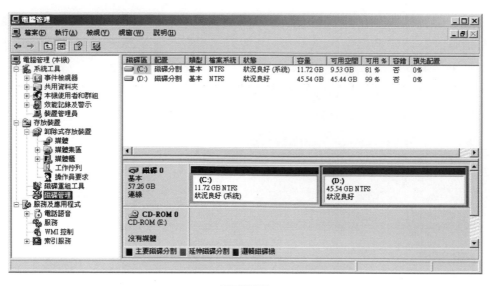

磁碟管理

　　磁碟是系統儲存資料的重要場所，因此在系統的管理中，對於磁碟檔案的管理也是相當重要的，因此需要定期的備份資料以及重組磁碟，除了可以保護重要的資料外，在系統效能的提昇上也有相當的助益。

服務及應用程式

　　在服務與應用程式的類別中，主要分成了「電話語音」、「服務」、「WMI控制」以及「索引服務」等幾項主要的類別，在「電話語音」的項目中，依據所提供的服務以及使用的通訊協定不同，細分了幾個不同的項目，例如H.323等，如果目前正在提供該項服務給其它的使用者，或是系統正在執行這些項目，則可以在各個細項的詳細資料中，取得這些資訊。

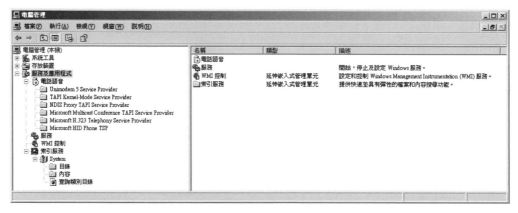

服務及應用程式

　　而服務的類別中，則顯示了目前系統所提供的各項服務清單，在「延伸」的模式中，當我們選擇了其中任何一項的服務項目時，就會立即在左方的區域顯示相關的說明，以及「停止」服務或是「重新啟動」服務等控制項，這種模式較適合剛接觸到Windows Server 2003的使用者，在設定系統的過程中，可以透過這些輔助的資訊，正確的完成各項設定。

延伸服務項目

　　如果使用「標準」模式，則只會顯示所有服務項目的清單，而相關的說明將會直接顯示在「描述」的欄位中，這種模式較適合對於系統的管理有經驗的使用者，能夠由服務的名稱，就可以瞭解到各項服務的內容，此時比較在意的不會是畫面上所顯示的說明，而是這些系統服務項目的狀態、啟動類型以及登入身份，因此可以依據個人的實際情況，或是操作的習慣，來選擇不同的模式，不論使用那一種模式，都不會影響到系統的管理工作。

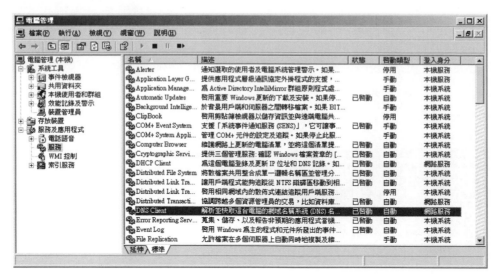

標準服務項目

　　以下我們舉「DHCP Client」服務的內容做個簡單的介紹，在該服務項目中利用滑
鼠右鍵開啟的快捷功能表選單，或是利用管理界面的所提供的功能，都可以開啟服務
內容的設定畫面，在這我們可以看到「一般」、「登入」、「修復」以及「依存性」
四個主要的設定。

　　在「一般」標籤頁中，我們可以看到服務的名稱、顯示的名稱以及描述的說明
資料，也可以確定該項服務的程式所在路徑，接著可以針對啟動類型進行設定，在這
提供了「自動」、「手動」以及「停用」等三種不同的選擇，如果選擇「自動」的類
型，則在載入作業系統時，就會一併執行這項服務，如果使用「手動」的類型，則必
須由系統管理人員以手動的方式來啟動服務，如果不想要提供這項系統服務，則可以
將啟動類型設定在「停用」的狀態，這項服務就不會被啟動了。

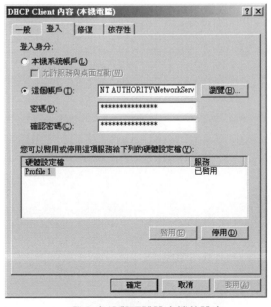

一般設定

　　在登入身份的設定中，我們可以選擇使用「本機系統帳戶」或是直接「指定帳戶」，一般而言作業系統在安裝時，會依據實際的環境，來設定各項服務的設定，而不同的系統服務，大多會預設可以登入使用的身份，因此除非特別的需求，一般而言並不建議修改這些參數，另外在這可以選擇啟用或是停用目前的這項服務給所指定的硬體設定檔，如果安裝作業系統的硬碟可能會同時在不同的硬體環境中啟動，在這種狀況時就會使用不同的硬體設定檔，而部份的系統服務可以針對不同的硬體設定檔，來決定是否提供服務。

登入身份與硬體設定檔的設定

在「修復」標籤中，我們可以設定當這項服務執行失敗時，電腦將會採用的回應措施，因此在這可以分別指定第一次失敗時、第二次失敗時以及後續失敗時的執行動作，也可以指定重設失敗計數以及重新啟動服務的時間間隔，以及所要執行的程式與命令列參數，部份情況下也可以設定電腦重新動時的選項。

修復的設定

「依存性」的設定則在於不同的系統服務之間的協同運作，某些服務項目必須依存於其它的服務、系統驅動程式上，有時候載入的順序不同也會影響該項系統服務是否能夠正常運作的關鍵，因此我們可以透過依存性的關係，來瞭解目前所設定的這個系統服務與其它的服務之間的關聯性，如果停用系統服務或是變更相關的設定時，有可能會一併影響到所依存服務的運作。

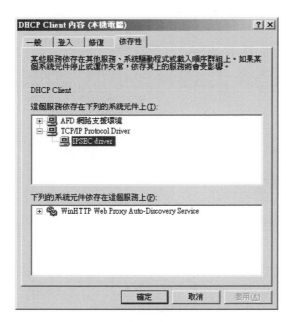

依存性的設定

電腦的管理界面提供了系統管理時經常會使用到的設定工具，也可以讓管理人員快速的利用整合後的界面，找到所需要設定的工具，在這所提供的大多是系統管理方面的功能，如果有其它的功能想要納入，也可以利用自訂的方式，來修改管理界面，以符合系統管理上的需求，針對電腦管理界面中大多數的功能，在後續的章節中，將會個別深入的介紹與提供詳細的設定流程。

1-3　使用者與群組管理

使用者與群組的管理，在伺服器的管理環節中，可以稱得上是相當重要的一環，不過只要能夠把握幾個基本的原則，在管理使用者帳戶時，比較不容易出現問題，也可以減少因為疏忽而造成資料外洩或是危害系統安全的情況，在這一節中，將會針對Windows中的使用者與群組的管理進行介紹，包括了新增使用者、群組，以及將現有的使用者加入適合的群組，這些處理的程序在系統管理時都是必經的過程中。

在建立使用者的帳號時，可以讓使用該名使用者的名稱，或是依據所提出申請的使用者名稱來設定，不過在提供預設的密碼時，必須限定於在第一次登入時，就進行密碼變更的程序，以確保帳號的安全。

使用帳號與群組的管理準則：

◆ 儘量避免多人共同使用單一帳號。

◆ 使用者密碼的設定儘量避免過短、有規則、太簡單或與使用者個人相關的資料。

◆ 依據不同的需要規劃出不同的群組。

◆ 將使用者加入適合的群組。

◆ 定期更換使用者密碼。

使用者的管理

「使用者帳戶」可以提供檢驗、授權以及拒絕使用者在系統或是網路環境中的存取權，在使用者的項目中，可以看到目前系統中所有的使用者帳號，而且可以直接知道那些帳號可用，而那些帳號已經停用，除了由我們所新增的帳號之外，在這也有一些系統本身就預設的帳號，例如：Administrator、Guest等，這些帳號都有特定的用途，不過如果以伺服器而言，並不建議開放Guest帳號，以降低遭到入侵的機會，不過如果伺服器還安裝了其它的服務，例如：SQL Server或是其它的伺服端應用程式，有時候亦會建立該項服務的專屬帳號，因此在進行使用者帳號管理時，需要確定目前系統中所安裝的服務，是否會建立專屬的帳號，否則如果將該帳號刪除或是停用，將會造成該項服務無法運作的情況。

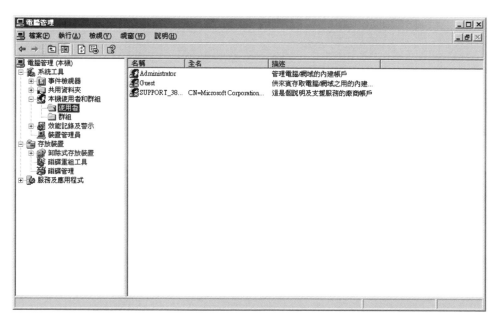

目前的使用者

在所有的使用者帳號中，以Administrator這個帳號最為重要，因為這個帳號屬於系統管理員的角色，因此大多數的環境設定，都必須以管理員的身份登入，才能夠進行相關的設定程序，因此對於Administrator帳號的密碼，必須確實的保密，僅限特定的系統管理人員，才能夠擁有Administrator的密碼，也只允許特定的人員才能夠進行系統環境的設定，以確保系統的安全，人員的管理有時候往往比起系統的安全更顯得重要，也是經常發生危害系統安全的關鍵之一。

◆新增使用者

在管理界面的「使用者」項目中，或是在右方使用者的清單區域中，利用滑鼠的右鍵，都可以找到快捷功能表選單中的「新使用者」選項，利用這項功能就可以讓我們新增使用者到系統中，在這並不牽涉到群組的設定，只需要輸入使用者名稱、全名、描述、密碼等資料，然後選擇相關的選項，例如：是否指定使用者於下次登入時進行密碼的變更、或是直接限制使用者不可變更密碼，甚至設定成永久有效，當然也可以暫時的停用這個帳戶，而這些選項將會影響使用者操作系統時的權限。

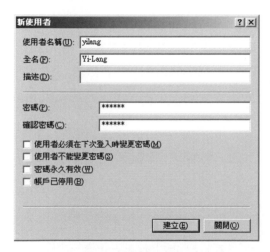

輸入新使用者的資料

◆管理使用者的密碼

使用者的帳號與密碼，可以決定該名使用者能否進入系統，或是使用所提供的服務，因此在建立使用者的帳號時，大多會建議讓使用者在第一次登入時，就進行變更密碼的程序，以確保每一位使用者的權益，所以由系統管理員的角度來看，除非使用者忘記密碼，需要協助重設時，在確定使用者的身份，再重新設定新的密碼後，仍然建議勾選在使用者第一次登入時，就必須變更密碼的功能，讓使用者重新設定自己的密碼。

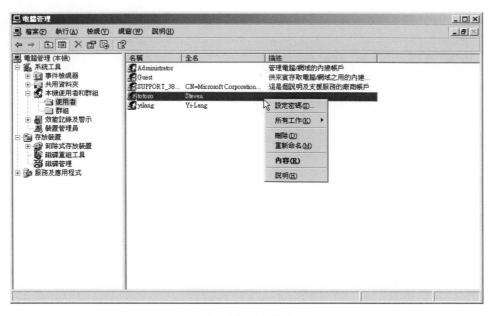

選擇想要管理的使用者

在重設密碼時，將會顯示相關的警告訊息，因為變更密碼的設定，在部份的情況下將可能導致資料的遺失，一般而言會發生變更密碼的情況，可以分成遺失密碼以及變更密碼，如果是遺失了密碼，必須由系統管理人員代為處理，重新設定一組密碼，如果僅是想要變更密碼，則可以由使用者自行設定，在登入系統後，直接利用Ctrl+Alt+Delete按鈕，呼叫出Windows安全性視窗，在這就可以直接使用「變更密碼」按鈕進行變更密碼的程序了。

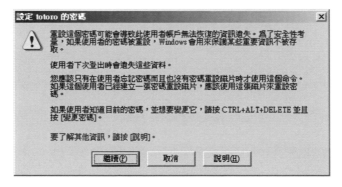

重設密碼時的警告訊息

由系統管理人員代為重設密碼時，必須輸入指定的新密碼兩次，以確認所指定的密碼無誤，一旦重設密碼後，將會影響這個使用者帳戶的所有加密檔案、密碼以及個人安全性憑證的存取權，這些受到影響的項目，必須由使用者自行重新建立。

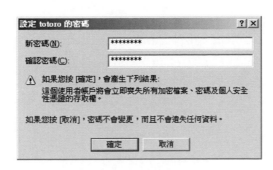

輸入新的密碼

使用者的內容

　　使用者的內容，可以提供「一般」、「成員隸屬」、「設定檔」、「環境」、「工作階段」、「遠端控制」、「終端機服務設定檔」以及「撥入」等項目的資訊，以下將分別針對這些不同的項目進行介紹，以確實掌握每一個使用者帳號的內容。

◆一般資料

　　在「一般」標籤頁中，在這顯示了使用者的名稱，這個項目無法進行變更，如果要變更使用者的名稱，必須將使用者帳號刪除後再重新建立，接著在這可以修改使用者的全名以及填入相關的描述，在這還提供了幾個不同的選項，可以讓我們選用，例如：使用者是否必須在下一次登入時變更密碼、讓使用者無法變更密碼、密碼是否永久有效或是直接將目前這個帳號停用、鎖定等設定，這些選項可以視實際的情況，來選擇是否使用，例如：當使用者已經有一段時間未進行密碼的變更時，則可以指定使用者在下次登入時，就必須進行密碼的變更程序，因為以系統安全管理的角度來看，使用者的密碼必須每隔一段時間就進行變更，以確保使用者帳號的安全。

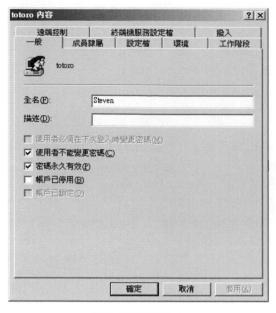

使用者的資料內容

◆成員隸屬

在成員隸屬的設定中,可以將目前所設定的這名使用者,加入到目前系統中存在的群組,加入群組後,則這名使用者將會擁有該群組的權限,因此在決定要將使用者加入到那個群組時,必須很確定是否適合,一般而言除了確定要讓所設定的使用者擁有系統管理員的權限,否則對於這群組的使用者必須特別留意。

將使用者加入群組

◆設定檔

在「設定檔」的標籤頁中，可以設定使用者設定檔的路徑以及登入指令檔的名稱，在主資料夾的部份，則可以指定在系統本機的路徑或是連線網路上的磁碟機，這些設定會影響到使用者登入系統時，所要執行的設定檔以及相關的環境參數。

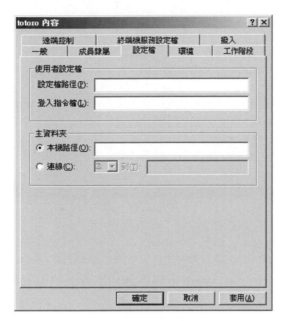

使用者的設定檔

◆環境

在「環境」標籤頁中，主要是設定當使用者透過終端機服務登入時的啟動環境，這裏的設定將會優先於使用者本身的設定，例如：系統管理員可以直接指定在使用者登入啟動的程式，用戶端的裝置等環境的設定，這些參數可以使用預設的值，或是依據實際的需求來設定。

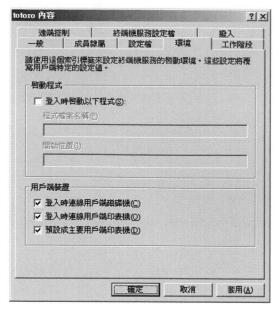

使用者環境的設定

◆工作階段

在「工作階段」標籤頁中，提供了設定使用者透過終端機服務時的工作限制，在這可以依據不同的的使用者，來授予不同的工作階段限制，這些設定可以依據實際的需求來決定，以確定使用者在使用上的限制。

工作階段的設定

◆遠端控制

遠端控制的設定，主要是針對提供使用者終端機服務時，遠端控制的環境進行設定，在這可以選擇是否啟用遠端控制的功能，以及是否需要進行使用者權限的驗證，另外也可以選擇不同的控制等級。

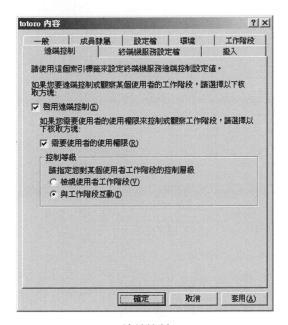

遠端控制

◆終端機服務設定檔

設定終端機服務的設定檔，可以指定主資料夾的位置，以及選擇是否允許登入終端機伺服器，完成設定後，這些環境的參數將會套用到使用者使用終端機服務時的環境。

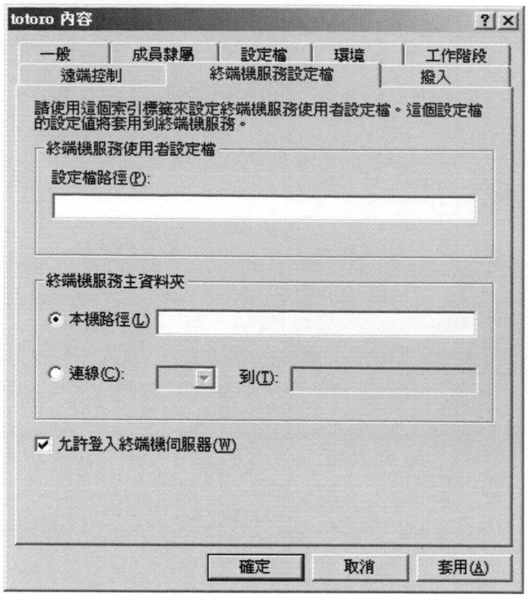

終端機服務設定檔

◆撥入

在「撥入」標籤頁中，提供了遠端存取使用者權限的設定、回撥選項的設定以及一些與遠端存取相關選項，在這可以依據現有的網路環境，以及決定提供給使用者的服務，來設定這些參數，當使用者撥入系統時，可以依據在這所定的規則進行處理。

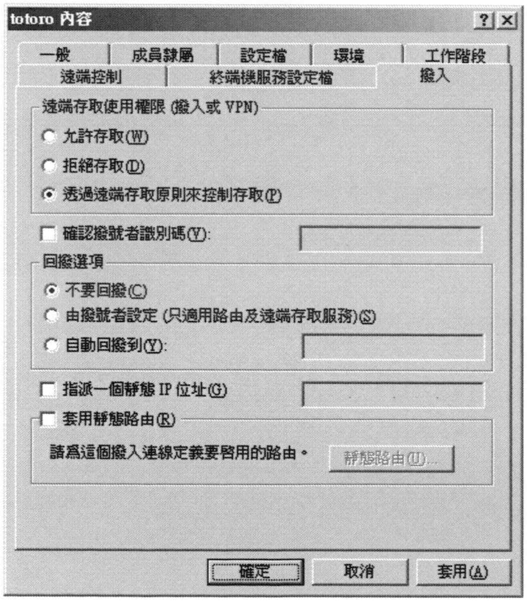

撥入環境參數的設定

在使用者帳號內容的設定中，主要是針對使用者與群組的關係以及遠端登入時的環境進行設定，在這可以根據不同的使用者來提供不同的環境，以符合每一個人使用系統上的需求，不過在設定使用者所隸屬的群組時，因為不同的群組所擁有的權限並不相同，尤其是Administrators以及Power User之類的群組，因為擁有較高的存取權限，所以在將使用者加入這些群組時，需要特別的留意。

群組的管理

「群組帳戶」是使用者帳戶的集合，將相同屬性的使用者歸屬於同一個群組，可以方便系統管理人員進行系統服務或是檔案存取權限的設定，因此群組的管理在系統的管理上，扮演著一個相當重要的角色，因為在進行各項服務的設定時，最好利用群組的方式來設定權限，可以避免必須針對每一個使用者進行權限設定的麻煩，這是針對本機群組的部份，關於Active Directory的群組類型，將留待後續的章節再深入介紹。

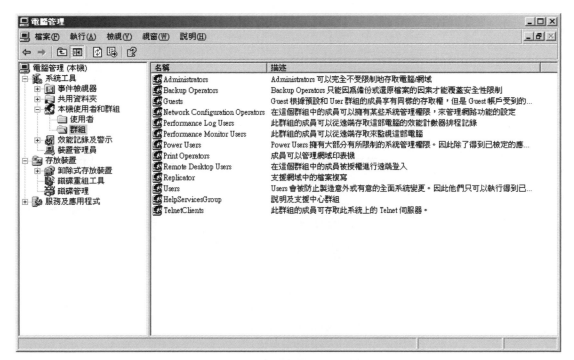

群組的清單

在Windows Server 2003預設的群組以及相關的說明如下：

群組名稱	描述
Administrators	此群組成員可以完全控制伺服器，擁有所有的控制權，能夠設定使用者的權利及存取控制使用權限，而Administrator帳戶是預設的成員，如果伺服器加入網域，系統會自動將Domain Admins群組新增到這個群組，也正因為Administrators群組可完全控制伺服器，因為將任何的使用者新增到這個群組時需要特別的注意適合性的問題，除了所新增的使用者帳號只執行系統管理的工作，否則並不建議將使用者新增到這個群組中。
Backup Operators	針對備份的權限而設的群組，屬於這個群組的成員，可以不管保護那些檔案的使用權限是什麼，都能夠備份及還原伺服器上的檔案，這是因為執行備份的權限優先於檔案的使用者權限。
DHCP Administrators (與 DHCP Server 服務一起安裝)	此群組成員擁有「動態主設定通訊協定（DHCP）伺服器」服務的系統管理存取權，而這個群組只提供有限的系統管理存取權來存取DHCP伺服器，不像Administrators群組能夠提供伺服器的完全存取權，因此屬這個群組的成員，可以使用DHCP主控台或Netsh命令管理伺服器上的DHCP，但無法執行伺服器上的其他系統管理的動作，如果系統中安裝了DHCP伺服器，則這個群組將會自動建立。
DHCP Users (與 DHCP Server 服務一起安裝)	此群組成員具有對DHCP伺服器的服務有唯讀存取的權利，無法像DHCP Administrators群組能夠控制DHCP伺服器，屬於這個群組的成員，能夠檢視儲存在特定DHCP伺服器上的資訊及內容，主要是應用在使用者需要取得DHCP伺服器的狀態報告上。
Guests	此群組的成員具有登入時所建立的暫時設定檔，當成員登出時，將刪除該設定檔，一般而言會將Guest帳戶停用，以避免未經授權的人進入伺服器，而Guest帳號也是這個群組的成員。
HelpServicesGroup	此群組允許系統管理員設定所有支援應用程式的公用權利，唯一的群組成員預設是與Microsoft支援應用程式，例如：遠端協助，相關的帳戶，因為會牽涉到一些與應用程式相關的帳戶，所以不建議在這個群組中新增除了應用程式預設帳戶以外的使用者。
Network Configuration Operators	此群組的成員可以變更TCP/IP環境的設定，可以變更TCP/IP的位址，將會影響網路的組態以及網路的連線，不過這個群組中並沒有預設的成員。
Performance Monitor Users	此群組的成員可在伺服器上本機檢視效能計數器，亦可從遠端用戶端檢視效能計數器，無需是Administrators或 Performance Log Users群組的成員，主要是提供相關的人員檢視目前的系統狀態。
Performance Log Users	此群組的成員可以在伺服器上本機管理效能計數器、記錄檔及警示，亦可從遠端用戶端管理效能計數器、記錄檔及警示。
Power Users	此群組的成員可以建立使用者帳戶，然後修改及刪除他們已建立的帳戶，亦可以建立本機的群組，並新增或移除已建立之本機群組的使用者，對於其它群組的權限上，則可以新增或移除Power Users、Users以及Guests群組的使用者，另外屬於這個群組的成員可以建立共用資源以及管理所已建立的共用資源，不過並無法取得檔案的擁有權、備份或還原目錄、載入或卸載裝置驅動程式或管理安全性及稽核記錄檔，這個群組的權限較其它群組來得高，幾乎僅次於Administrator群組，因為在將使用者帳號加入時，必須仔細的考量過合適性的問題。

Print Operators	屬於此群組的成員可以管理印表機及列印佇列
Remote Desktop Users	屬於此群組的成員可以遠端登入伺服器。
Replicator	此群組可以支援複寫的功能，而唯一成員應該是用於登入網域控制站之複寫服務的網域使用者帳戶，因此在管理上不可將實際使用者的使用者帳戶新增到這個群組。
Terminal Server Users	此群組包含目前登入到使用「終端機伺服器」之系統的任何使用者，指派給此群組的預設使用權限可讓其成員執行大部份舊版的程式。
Users	此群組的成員可以執行公用工作，例如執行應用程式、使用本機及網路印表機，以及鎖定伺服器，不過屬於這個群組的使用者無法建立共用目錄或建立本機印表機，Domain Users、Authenticated Users以及Interactive群組預設是此群組的成員，因為如果在網域中所建立的任何一位使用者，都會自動成為這個群組的成員。
WINS Users (與 WINS 服務一起安裝)	此群組的成員具有對「Windows網際網路名稱服務（WINS）」的唯讀存取權，可以允許成員檢視儲存在特定WINS伺服器上的資訊及內容，以協助使用者取得所需要的WINS狀態資料。

◆新增群組

　　針對不同的需求，例如：不同的管理層級或是企業內部不同的部門，則可以透過群組的方式進行管理，在Windows Server中要新增群組是相當容易的，只需要輸入群組的名稱、描述的資料以及加入成員，即可完成群組的設定，不過在設定的過程中，如果沒有指定成員，也可以在使用者或是群組的設定中，將使用者加入所指定的群組，並不會造成設定上的問題。

新增群組

完成群組的新增後，我們就可以在群組清單中，看到所建立好的群組名稱，而使用者在加入群組時，必須是目前系統中已建立好的群組才行，透過群組的方式，可以將多位相同屬性的使用者歸類在一起，再設定整個群組所能夠使用的權限，對於系統管理人員而言，就不需要個別針對每一個使用者進行設定了。

新增後的群組清單

◆新增使用者

在任何一個群組中，可以利用新增的方式將「物件」加入群組，在這所需要指定的物件名稱，可以是「顯示的名稱」、「物件的名稱」、「使用者名稱」、「物件名稱@網域名稱」以及「網域名稱\物件名稱」等多種不同的格式，所輸入的資料必須再按下「檢查名稱」的按鈕，以確定所輸入的物件名稱是正確的。

新增使用者

進行新增使用者的程序，執行的身份必須是Administrator、Domain Admins以及Power User群組的成員，屬於這些群組的成員，就能夠進入設定的程序。

◆群組的內容

開啟群組的的內容，在可以看到這個群組的相關描述以及目前加入這個群組的成員，在這可以進行描述資訊的修改以及群組成員的管理，關於將成員加入群組的部份，可以參考前面的介紹，輸入物件名稱後，就可以將我們所指定的物件加入群組成，變成該群組的一個成員，而擁有這個群組所賦予的權限。

群組的內容

使用者與群組的關係

使用者與群組是息息相關的，當使用者被加入某一個群組帳號時，就可以擁有該群組帳號的權限，這在管理的角度來看，可以透過這樣的方式，將同樣性質的使用者放在同一個群組中，而系統管理人員只需要針對群組的存取權限進行設定，而不需要分別進行每一個使用者的存取權設定，這是相當方便的，而且配合群組的規劃，可以對於人員對於系統的存取與控制權做好掌控。

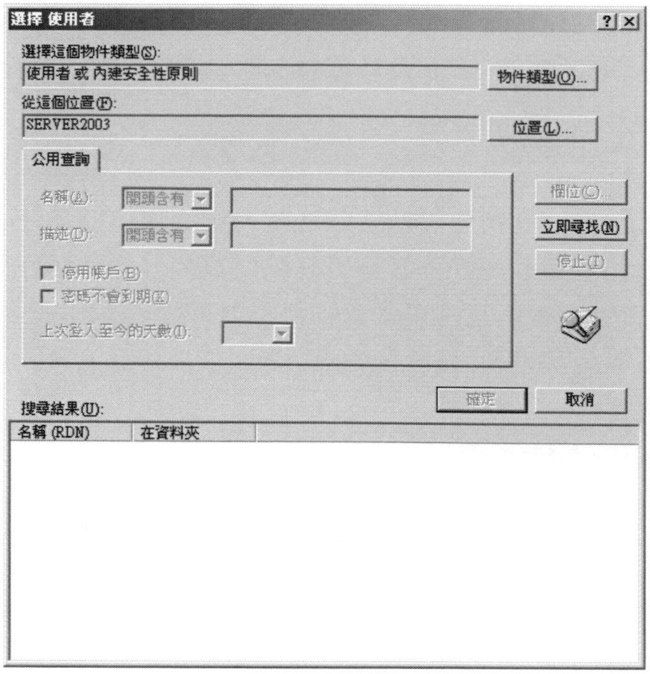

進階功能

　　如果不確定使用者的名稱，則可以利用進階功能中的搜尋功能，在這只需要選擇
物件的類型，以及搜尋的位置，再配合相關的關鍵字，就可以進行搜尋的程序，從搜
尋的結果中找到想要新增的使用者後，就可以直接加入所指定的群組中。

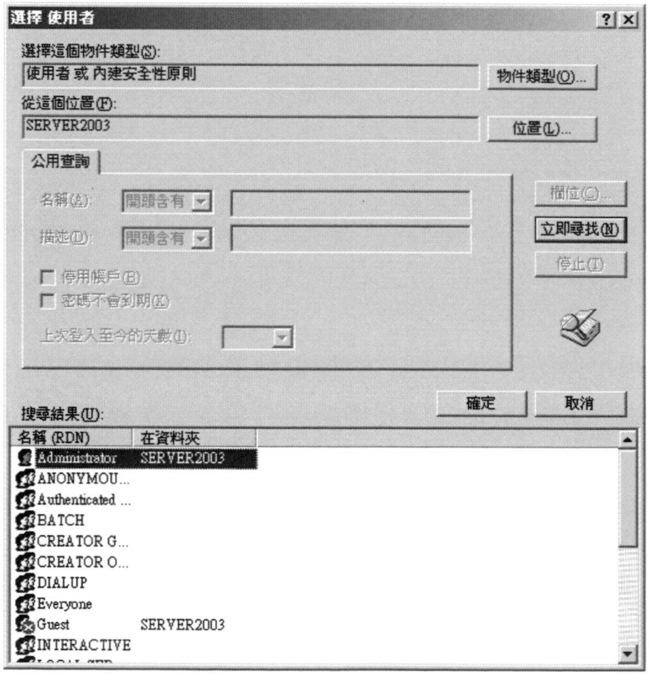

立即尋找符合的使用者或群組

完成使用者的新增後，就可以在群組的使用者清單中，找到現有的成員，同一個使用者可以依據不同需求，加入多個不同的群組，當這些群組之間的存取權限有衝突時，將會以最高的存取權為主。

將使用者加入群組

除了剛剛使用搜尋的方式將使用者加入群組，也可以直接輸入物件的名稱來加入使用者，物件的類型可以參考前面的介紹，在此就不再贅述。

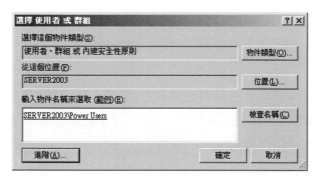

輸入物件的名稱

完成使用者與群組的設定後，接著就可以針對想要提供存取的資料進行設定，這主要是針對檔案的存取而言，首先必須先進入共用權限的設定，然後將群組帳號加入，接著就可以直接進行權限的設定了，在提供了「完全控制」、「變更」以及「讀取」等三種權限，分別可以指定「允許」以及「拒絕」兩種不同的權限，而對於一些重要的資料而言，建議將「Everyone」的使用者帳號移除，以避免造成資訊安全上的漏洞，讓所有的人都能夠進入系統所共用的資料夾。

設定控制的權限

在這所設定的使用者或是群組，將會依據所設定的權限，當所進行的處理程序或是操作違反所允許的權限時，系統將會自動限制所進行的處理程序，以確保系統與資料的安全，而使用者與群組的關係是相當密切的，兩者相互配合，不論在系統管理上或是資料的安全上，都能夠符合資訊安全的要求，對於開放存取權的使用者或是群組，必須特別留意是否會造成系統安全上的問題，而系統管理人員更應該做好把關的動作，減少因為人為的疏失，而影響系統運作時的安全。

1-4　權限與磁碟共用

伺服器依據所扮演的角色，都會提供其它的使用者各式各樣的服務，其中以檔案資料的共用而言，是最經常被運用在企業內部，甚至是網際網路上的功能，檔案共用的功能，單純只是利用權限與使用者帳號的方式進行控管，與伺服器所提供檔案伺服器並沒有相關性，而會透過檔案共用的方式來提供其它人使用我們電腦中的資料，大多屬於區域網路的環境，而在網際網路中，則大多透過檔案伺服器的方式，與這一節所要的介紹的並不相同，而相關的內容可以參考後續章節的介紹。

共用資源的建立，可以提供應用程式、資料以及使用者個人資料的存取服務，透過本機、網路就能夠與其它的使用者取得其它人的所分享出來的資料，使用上相當的便利，不過後續所衍生出來的，卻可能是不安全的環境，因此在建立共用的機制時，對於使用者權限的控制是相當重要的一環。

另外在檔案系統的選擇上，建議使用NTFS檔案系統，以取得最完整的保護，如果使用FAT或是FAT32的檔案系統，在存取的控制上不如NTFS來得完整，因為在規劃系統時，應該儘量採用NTFS檔案系統，而且部份安全方面的功能，也必須使用NTFS檔案系統才能夠使用，以建立更詳細的安全性等級。

資料夾的共用

將不同的使用者資料以資料夾的方式進行區隔，在管理時較為容易，而不會讓所有的使用者資料放在一起，再透過資料夾共用的方式，讓使用者自行決定是否將個人的資料分享出來，進入資料夾內容的設定畫面，在這可以看到「一般」、「共用」以及「自訂」等三個標籤頁，切換到「共用」標籤頁後，可以直接選擇是否共用目前設定的這個資料夾，然後繼續指定共用的名稱以及提供其它使用者識別的描述資料，如果目前的系統環境可能同時會有相當多的人登入使用，則建議限制使用者的人數，依據實際的情況來決定同時可以存取的使用者數目，以避免過多的使用者登入，進行檔案資料的存取，而影響到系統整理的效能。

接著可以進行「使用權限」的設定，這與前一節所介紹的內容相似，在此就不再贅述，請自行參考相關的內容，如果僅是開放讓其它使用者閱讀的資料，則建議僅開放「讀取」的權限即可，如果需要讓其它的使用者上傳資料、檔案，則建議另外開設一個資料夾，來提供這樣的服務。

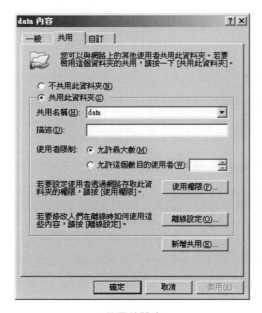

共用的設定

離線的設定中，主要是針對當使用者離線時，使用者在使用共用內容上的問題以存取檔案的方式，在這提供了以下三種不同的處理模式可供選擇：

◆ 只有使用者指定的檔案和程式可以在離線時使用

這個選項可以提供使用者控制那些檔案可以離線使用。

◆ 使用者從共用開啟的所有檔案和程式將可於離線時使用

使用這個選項可以讓使用者由共用資料夾所開啟的檔案都可以自動於離線能夠使用，如果配合「效能最佳化」的功能，則會進行所有開啟檔案的快取，以增加使用的效率，減少網路的傳輸。

◆ 來自共用的檔案或程式無法於離線時使用

使用這個選項將會讓使用者無法離線存放檔案。

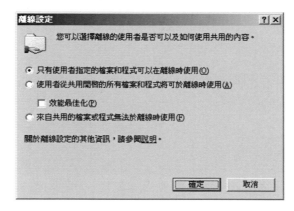

離線的設定

完成設定後，開放共用的資料夾，就會顯示一隻手的符號，以象徵目前這個資料夾已經設定共用，使用者可以由遠端直接利用擁有使用權限的帳號與密碼，進入這個共用的資料夾中存取所需要的檔案。

共用資料夾的符號

　　當我們建立一個新的共用資源時，預設的將會允許離線的存取，因此如果系統本身就是規劃做為開放服務的系統，則不建議在這上面放置重要的資料，或是直接設定成不允許使用者離線存放檔案，如果一定要提供共用資料的功能，則必定要進行共用權限的設定，以及採用NTFS檔案系統，針對使用的方式進行限制。

磁碟的共用

　　磁碟機在Windows中預設是共用的，能夠提供給網路上的使用者連接使用，不過磁碟機共用，主要是提供系統管理使用，因為如果想要建立遠端電腦的磁碟共用，則必須取得足夠權限的帳號與密碼才行。

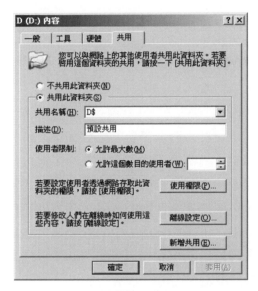

磁碟的共用

　　在使用者的限制上，可以依據實際使用的情況，評估使用者的使用情況，來決定是否限制使用者的數目，一般而言如果僅是提供給區域網路的使用者，則可以將使用者的限制放寬，因為在區域網路中所使用的頻寬，以目前的主流而言，都有100Mbps的頻寬，對於網路品質的影響較小，除非所傳輸的資料量相當大，才有可能影響網路的傳輸品質。

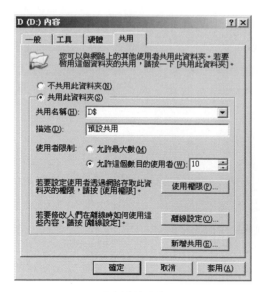

設定連線人數

權限的設定

權限可以控制使用者或是群組對於系統的控制權以及檔案的存取權,因此不論是使用者或是群組的權限設定,這都是一項相當重要的工作,以資料夾的共用而言,就必須嚴格的管制能夠存取的使用者或是群組,對於資料夾的共用而言,在權限的設定上可以參考之前的內容,只要把握適合性的考量,應該就可以正確的為每個使用者以及群組設定好所適合的權限,不過如果所設定的對象是系統屬於系統共用的磁碟機,因為磁碟共用是為系統管理目的而建立的,並無法進一步的設定權限,因此在磁碟共用的內容中進行使用權限的設定。

共用磁碟權限的限制

網路上的磁碟機

因為所有的磁碟分割區,預設都是共用的屬性,因此我們可以利用網路磁碟機的方式,連接遠端的磁碟機,在資料的存取上是相當方便,不過因為是透過網路來連接,因此在安全性的考量就特別的重要,一般而言會透過使用者認證的方式,來決定是否提供網路磁碟機的連線服務。

◆連線網路磁碟機

　　當我們需要使用其它電腦上的資料時，經常需要透過網路上的芳鄰或是檔案伺服器等不同的方式來取得所需要的檔案資料，如果透過建立網路磁碟機的方式，可以直接將遠端電腦中的某一個磁碟機或是某一個資料夾，直接變成本機電腦中的一個磁碟機，在使用上可以直接進行存取的處理程序，不論在檔案的管理與運用，都可以提高處理的效率。

step 1 由「我的電腦」的工具功能表選單中，就可以找到連線網路磁碟機的選項，執行後將會進入設定網路磁碟的連線程序。

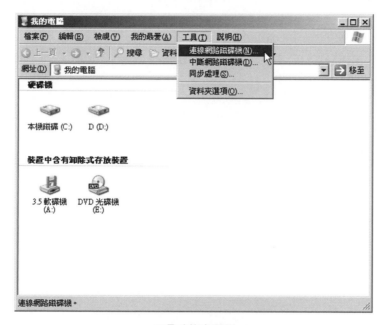

工具功能表選單

step 2 輸入資料夾所在的位置，可以使用電腦的IP位址或是電腦名稱，進行資料夾的連線，而所選擇的磁碟機，則是完成連線後，在本地端將會顯示的磁碟機代號。

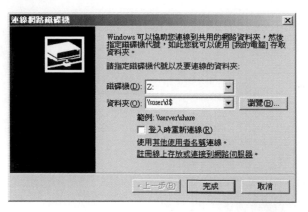

輸入連線的目標

如果屬於區域網路中的電腦，則可以利用「瀏覽」的功能，來找尋目標
的電腦，以確定想要連線的磁碟機位置。

選擇共用的網路資料夾

step 3 設定連線的身分，在這所輸入的使用者名稱以及密碼，必須是預備連線
的電腦中已存在的使用者帳號，而所使用的身分不同，將可能會取得不
同的存取權限。

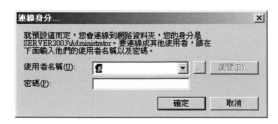

輸入連線的身分

step 4 如果未輸入連線的身分，則在進行連線的程序時，仍然會詢問連線時要使用的使用者名稱以及密碼，如果在下次連線想要自動登入，則可以在這勾選「記憶我的密碼」功能，完成身分的確認後，才能夠建立網路磁碟機的連線。

輸入使用者名稱與密碼

step 5 確定所輸入的連線位置、登入的使用者身分都沒有問題後，則可以完成網路磁碟機的連線，在「我的電腦」中將可以看到建立好連線的網路磁碟機，當想要存取網路磁碟機中的檔案資料時，只要直接開啟即可，就像使用本機的磁碟機一樣。

完成網路磁碟機的連線

網路磁碟機的建立，可以直接讓我們在目前的系統中直接使用遠端電腦中的資料，不過在建立好網路磁碟機後，在每次啟動電腦或是開啟檔案總管時，都會進行網路磁碟機的連線，因此為了避免延遲系統的效能，建議不自動進行連線的動作，當使用者有需求時，再進行網路磁碟機的連線。

1-5 資料來源管理

伺服器在提供網站的服務時，如果所開發的網站採用互動式網頁的設計方式，則必須完成資料庫的連結，才能夠提供資料庫的查詢、更新、新增、刪除等多種基本的功能，ODBC資料來源管理員，可以提供使用者資料來源、系統資料來源以及檔案資料來源的設定，透過各種不同資料型態的驅動程式，可以提供程式使用，ODBC是一種程式設計介面，讓應用程式能夠在資料庫管理系統上存取資料，而這個資料庫管理系統是以SQL結構化查詢語言為基礎，因此能夠適用於絕大多數的環境。

以應用方面而言，ODBC最常應用在網頁的設計上，網頁結合資料庫可以架構出互動式的網頁，所有網站上的資料，可以儲存在資料庫中，當瀏覽者進行相關的查詢時，再由資料庫取出資料顯示在瀏覽器上，這樣的方式可以將網站的管理與資料庫相結合，當有新的資料加入或是舊有的資料需要異動時，只需要變更資料庫的資料即可立即更新，而不需要修改網頁的程式碼。

使用者資料來源名稱

以使用者資料來源（DSN）的方式來新增資料來源，這些資料來源只在本機上，而且只有目前的使用者才能夠使用，在建立使用者資料來源之前，必須先確定已製作好資料庫的檔案，並且儲存在電腦磁碟中。

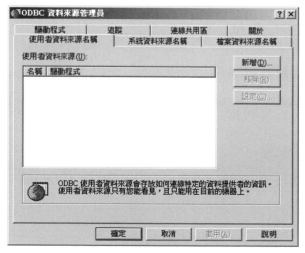

使用者資料來源

◆新增使用者資料來源

執行新增使用者資料來源時,只需要經過幾個程序,選擇想要使用的資料庫驅動程式、資料檔案名稱、指定檔案的路徑等,就可以輕鬆的完成整個設定的程序。

step 1 進入新增的程序時,首先必須先選擇所要使用的驅動程式,在這所顯示的資料,是目前的系統環境所能夠支援的資料庫,如果所需要使用的驅動程式不再清單中,則必須另行安裝。

選擇驅動程式

step 2 輸入資料來源的名稱,在這所輸入的名稱不可以與現有的資料來源名稱相同,描述的資料就以我們方便識別即可。

輸入資料來源名稱

step 3 選取資料庫,在這所指定的資料庫類型,必須與先前所選擇的驅動程式相同,否則就必須變更檔案的類型,以確定資料來源可以建立正確的資料來源。

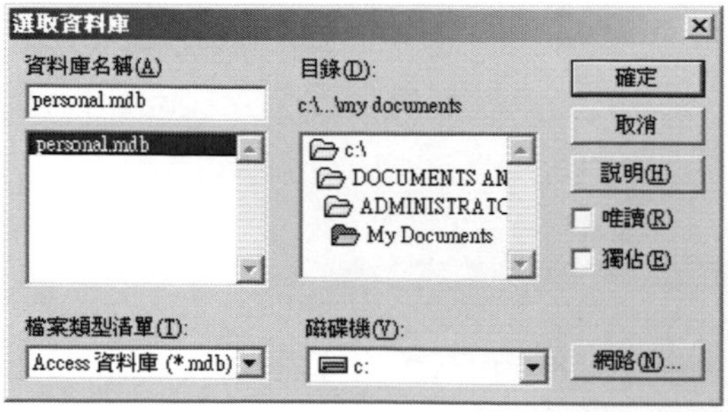

選取資料庫

如果資料庫必須提供登入名稱以及密碼才能使用,則可以在進階設定的項目中,預先輸入登入的名稱以及密碼,而選項欄中提供了更細部的設定,可以直接針對特定的類型,變更預設的設定值。

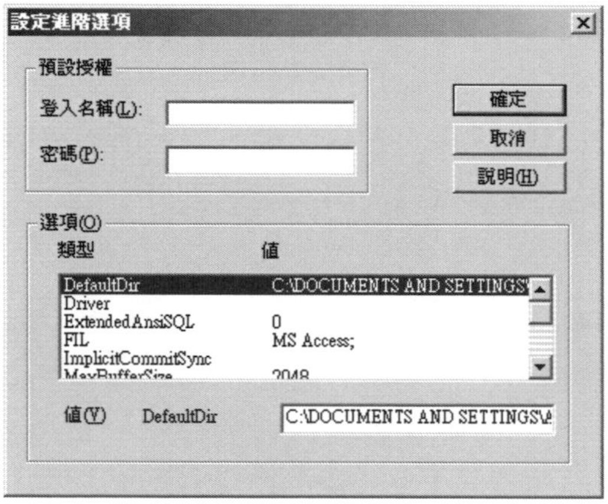

進階設定

step 4 完成所有的設定後，就可以在使用者資料來源名稱的清單中，看到剛剛所新增好的使用者資料來源，以及所使用的驅動程式。

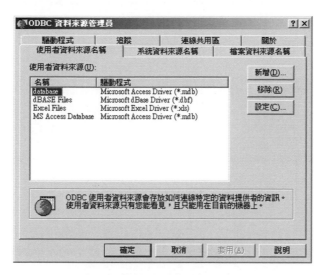

完成新增使用者資料來源的設定

◆設定現有資料來源

針對現有的使用者資料來源，如果想要變更其中的設定，只需要開啟內容，然後再針對要變更的項目進行修改，按下選項按鈕，可以進一步的針對驅動程式的使用方式進行調校，例如指定頁面逾時的時間、緩衝區的大小以及開啟資料庫的模式，在這提供了「獨佔」以及「唯讀」兩種，可以根據實際的需求進行設定。

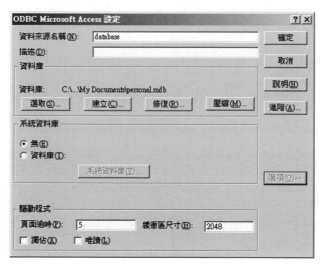

變更現有的設定

系統資料來源名稱

在系統資料來源所新增的資料來源，可以提供任何有權限的使用者來使用，並非像使用者資料來源有專屬性，而詳細的新增與設定方式，與先前所介紹的使用者資料來源一樣，在此就不再贅述了，可以參考前面的介紹。

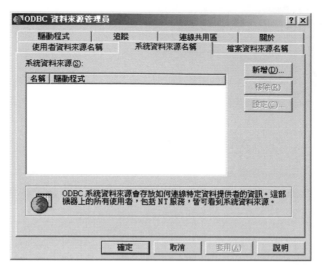

系統資料來源

檔案資料來源名稱

利用新增、刪除與設定的功能，就進行檔案資料來源的管理，可以與所有安裝有相同驅動程式者共用，這些檔案資料的來源，不需要專屬於特定的使用者或是本機的電腦。

檔案資料來源

在ODBC管理員執行時，需要指向一個預設的目錄，利用「設定目錄」的功能，就可以進一步的設定預設的目錄，否則會以系統原本所預設的目錄為檔案DSN的目錄。

預設目錄的設定

◆新增檔案資料來源

利用新增的程序，可以建立一個新的檔案來源。

step 1 進行新增檔案資料來源的程序時，必須先選擇驅動程式的種類，這必須與後來要指定的檔案類型相符。

選擇驅動程式的種類

step 2 輸入檔案的來源，這個名稱不可以與現有的檔案來源名稱相同，也可以利用瀏覽的功能指定儲存的地點。

建立新資料的來源

指定儲存的地點

完成檔案資料來源的設定後，就可以提供給安裝了相同驅動程式的程式共用，不論是使用者資料來源、系統資料來源或檔案資料來源，只要先確定新增的來源資料類型，配合相關參數的設定，就可以建立好DCN的連線，就可以提供相關的服務了。

驅動程式

驅動程式的清單中，顯示了目前系統所支援的ODBC驅動程式，如果屬於清單中所支援的資料格式，則可以建立ODBC的資料庫連線，以提供給網站或是其它的應用程式使用，如果要安裝其它的驅動程式或移除現有的驅動程式，則必須透過的特定的程式進行，在這個畫面無法進行任何的設定程序。

驅動程式清單

追蹤

　　追蹤的功能，可以指定ODBC資料來源管理員如何追蹤呼叫ODBC函數的方式，驅動程式管理員能夠持續追蹤呼叫只追蹤唯一的連線，能執行動態追蹤也可以自訂追蹤.dll的方式來執行追蹤的功能，可以透過呼叫記錄來檢查使用的方式是否有問題，以提供查詢以及除錯的功能，而Visual Studio Analyzer則是針對Visual Studio的ODBC追蹤，主要應用於除錯以及分析所開發出來的分散式應用程式。

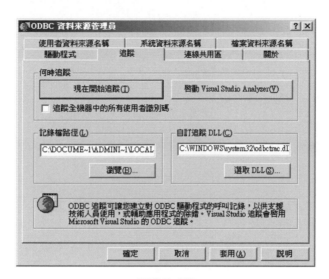

追蹤的功能

連線共用區

　　連線共用區可以讓我們的應用軟體直接透過連線共用區使用，而不需要每次都再進行建立連線的程序，在這針對各種不同的ODBC驅動程式連線逾時的問題，也可以在此進行調校，重新設定嘗試等待的時間，也可以選擇是否啟用效能的監視功能，利用這項功能就能夠記錄許多連線的統計。

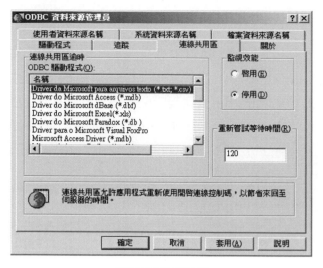

連線共用區的設定

關於

顯示ODBC核心元件的相關資料,包括了Unicode資料指標程式庫、區域化資源DLL、控制台啟動、控制台裝置、資料指標程式庫、管理員以及驅動程式管理員的版本與檔案的位置。

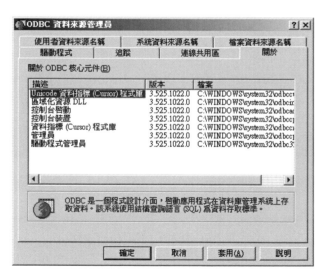

關於ODBC資料來源管理員的說明

ODBC資料來源管理員,主要提供資料來源的管理,依據不同的需求,可以建立使用者資料來源、系統資料來源以及檔案資料來源,配合一些相關的設定,就能夠提供網站或是應用程式所需要的資料來源,而這些資料來源大多會結合資料庫進行管理。

1-6 系統事件檢視

　　系統運作過程中的事件記錄檔，對於系統的管理而言，是一份相當重要的資料，透過記錄檔中的資訊，可以提供維護人員與系統相關的事件，而這些事件的種類可以分成「應用程式」、「安全性」以及「系統」等三大類，依據伺服器所扮演的角色以及所執行的程式，將分別將應用程式、安全性、目錄服務、檔案複寫服務以及DNS伺服器等多項系統事件記錄下，系統管理人員只需要透過系統事件檢視的功能，就可以查詢所發生過的事件，並且由所記錄的事件內容來判斷造成的原因，以及尋求改善或解決的方法。

　　事件檢視器可以是供記錄檔的方式來保存所發生的事件，以蒐集硬體、軟體以及系統等多種問題，可選擇多種不同的記錄檔格式，能夠提供給其它的應用程式開啟使用，當使用保存記錄檔案的功能時，所有的事件都會被記錄下來，而不會受到篩選功能的影響，而且儲存的事件記錄不會保留排列的順序，不過如果以事件檢視器開啟記錄檔時，則可以利用事件檢視器所提供的排序功能，快速的找到所需要的資料。

應用程式

　　應用程式事件記錄中，包含了由應用程式或一般程式所記錄的事件，例如：當使用者存取資料庫時所發生的錯誤，這些事件都會被記錄在應用程式事件記錄中。

應用程式事件

針對應用程式事件的記錄內容，我們可以直接開啟以瞭解詳細的內容，包括了發生的日期、時間、來源、類別、類型、事件ID、使用者以及電腦的名稱，接著將會顯示事件的詳細內容，部份的事件將會再提供相關的資訊，以協助使用者快速的找到解決問題的方法。

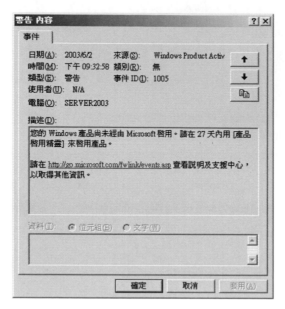

事件的內容

安全性

安全性的事件記錄，主要是針對正確與不正確的嘗試登入事件，以及與資源使用相關的事件，例如：建立、開啟、刪除檔案或是物件，不過如果啟用了登入稽核的功能，在安全性的事件記錄中，會再增加嘗試登入系統的事件。

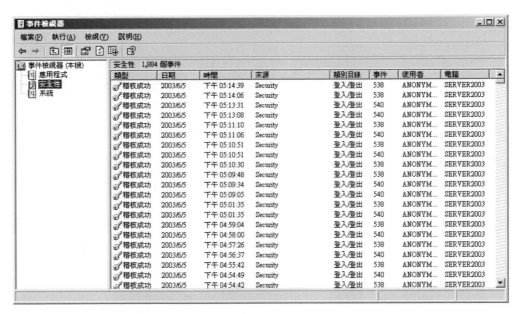

安全性事件

　　在事件的詳細內容中，一樣會提供日期、時間、來源、類別、類型、事件ID、使用者以及電腦名稱等相關的資訊，也可以在這瞭解該事件的相關資訊，以登入事件而言，則可以記錄登入是否成功、處理的方式、工作站的名稱、IP等相關的資料。

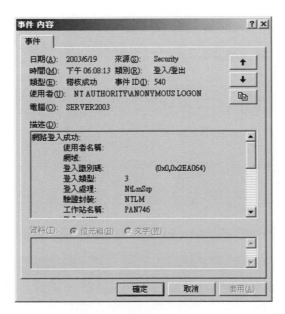

事件內容

系統

系統事件的記錄，包括了Windows系統元件的事件，例如：硬體在啟動作業系統時啟動失敗等，系統事件的種類相當多，因此可以配合篩選的功能，快速的找到所需要的事件，同樣的在事件的詳細內容中，可以針對該事件的發生時間以及原因，提供更多的資訊，讓系統管理人員能夠更快速的找到問題的癥結。

系統事件

事件記錄的內容

在記錄內容的設定，可以設定最大記錄檔的大小，以及當記錄檔的大小已經到達最大容量時的處理方式，可以選擇是否視需要覆寫事件，或是覆寫幾天前的事件，也可以選擇不要覆寫事件，此時就必須以手動的方式，進行記錄檔的清除程序了，另外在這也可以直接進行記錄的清除，清除後的記錄將無法恢復，除非另外儲存成事件的記錄檔。

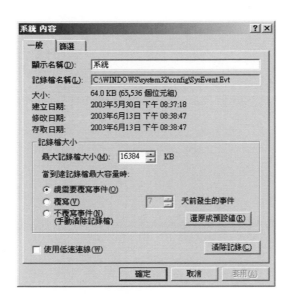

事件內容的設定

事件記錄的篩選

當事件的數量變多時，想要在眾多的事件記錄中找到相關知道的訊息或是特定的事件記錄，往往不是一件容易的事，不過透過事件記錄提供的篩選功能，輸入相關的關鍵資料，就可以自動幫系統管理人員找到相關的事件，這是相當方便的功能。

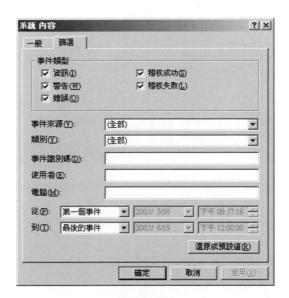

記錄的篩選

　　透過事件記錄可以發覺潛存的應用程式的問題、系統問題以及安全性問題，這些事件的發生絕對不是無中生有，因此在檢視這些事件的時候，對於問題的起因必須深入的分析與研究，以確定是人為的問題或是系統本身的問題，尤其是系統以及安全性的事件，需要特別的留意，對於伺服器而言，系統的穩定與安全是最為重要的，另外對於事件的記錄而言，可以將這些事件記錄儲存成記錄檔，以備日後需要時，有足夠的資訊提供查詢與分析。

伺服器服務篇

Chapter 2

應用程式伺服器

2-1　Internet Information Services 6.0的新功能

　　Internet Information Services是Windows Server重要的網路服務之一，以往的版本可以提供網站伺服器、檔案伺服器、SMTP以及NNTP等功能，在Windows Server 2003中，更以全新的面貌呈現在大家的面前，主要是針對網路時代的來臨，而目前應用在網站上的技術較以往更為成熟，因此將Internet Information Services整合到應用程式伺服器中，同時也將其它一些相關的伺服器技術，例如：ASP.NET、ASP、COM+以及MSMQ整合進來，變成一個功能完整的伺服器，除了能夠提供原本的服務之外，對於開發人員而言，則提供了一個比以往更為完整的環境，能夠因應各種需求。

　　應用程式伺服器是 Windows Server 2003 家族產品的全新伺服器角色，因為已經將Internet Information Services整合在一起，所以對於系統管理人員而言，已經無法直接找到先前版本的IIS伺服器了，而應用程式伺服器將一些重要的伺服器技術合併到應用程式伺服器中，這些技術包括了：

- ◆Internet Information Services（IIS）
- ◆ ASP.NET
- ◆ ASP
- ◆ COM+
- ◆ Microsoft Message Queuing（MSMQ）

　　這些伺服器的技術對於Web應用程式開發人員以及系統管理人員而言，能夠提供更完整開發環境以及管理能力，建構出以資料庫導向的網頁應用程式，能夠支援ASP以及ASP.NET程式，在使用的過程中，除了伺服器的架設之外，並不需要額外的軟體，或是搭配其它的工具程式，應用程式伺服器所提供的功能，可以符合實際使用上的需求。

　　Internet Information Services 6.0（以下簡稱為IIS 6.0），可以整合內部區域網路、外部網路以及網際網路在進行伺服器存取上的需求，能夠建構出一個易於管理的網頁伺服器服務，提供可靠而有效率的環境，對於互動式的網頁而言，不論在開發過程或是伺服器的服務上，都能夠提供最佳的解決方案，以未來的發展而言，網站和應用程式程式碼越來越複雜，主控於客戶環境中的自訂應用程式和網站可能包含一些撰寫不太正確的程式碼，而這些有問題的處理程序，可能會主動進行即時作業環境的管理，例如：自動偵測記憶體遺漏、存取衝突等錯誤，當這些狀況發生時，可以自動的進行處理，包括容錯、重新啟動等，能夠不中斷使用者所要求進行的處理程序或服務。IIS

6.0提供了核心層級的要求佇列，能夠建立一個具有主動處理序管理能力的應用程式隔離環境，也稱之為背景工作處理序隔離模式（Worker Process Isolation Mode），透過這樣的機制，可以避免因為程序的錯誤，造成使用者服務中斷的情況。

背景工作處理序隔離模式提供了以下幾項優點：

◆強固性

此架構可防止IIS 6.0背景工作處理序隔離模式所服務的不同Web應用程式或網站損及彼此或整體伺服器，不致於因為其中某一個應用程式或是網站所發生的問題，而影響整個伺服器的運作。

◆不需重新開機

使用者不用再強制重新啟動伺服器，或甚至關閉整個WWW服務，一般作業，例如升級內容或元件、偵錯Web應用程式或處理有錯誤的Web應用程式，不應影響到對於伺服器上其他網站/應用程式的服務。

◆自我診療

IIS 6.0可自動重新啟動失敗的應用程式，並定期重新啟動有漏洞/故障的應用程式或包含錯誤程式碼的應用程式。

◆可延展

IIS 6.0能夠支援Web處理程序，其中的伺服器包含了一組相同的背景工作處理序，這每一個都可共同分擔要求（這些要求一般都由單一的背景工作處理序所服務）。

◆更強的應用程式觀念

IIS 6.0支援以應用程式做為一個管理單元，這包括了提供應用程式隔離機制，並根據應用程式進行資源節流和延展。

應用程式伺服器的安裝

應用程式伺服器的安裝，可以直接由「管理您的伺服器」進行新增伺服器角色的程序，完成網路環境的分析後，就可以進入選擇新增伺服器角色的選擇畫面，在這顯示了目前各種伺服器的設定狀態，如果尚未安裝過應用程式伺服器，在「已設定」的

欄位中，則會顯示「否」，此時只需要選取「應用程式伺服器（IIS，ASP.NET）」項目，即可進行安裝與環境的設定程序。

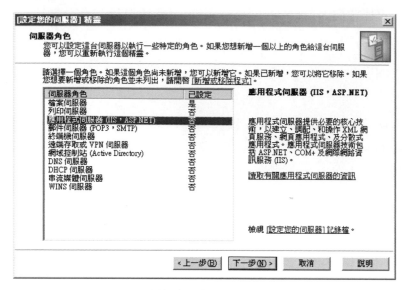

選擇應用程式伺服器

在應用程式伺服器的選項中，可以選擇安裝在這台伺服器上的其它工具，包括了「FrontPage伺服器延伸」以及「啟用ASP.NET」，這兩項工具主要是針對Office套裝產品中的FrontPage提供支援，以及是否在伺服器平台上提供對於ASP.NET程式的支援，這可以依據實際的情況決定是否安裝這些工具，因為如果所使用的網站開發工具，並不是使用FrontPage，則安裝其延伸工具所代表的意義就不大了，另外如果不開發以資料庫為架構的互動式網站，或是使用ASP.NET撰寫程式，則也可以不需要啟用ASP.NET，依據實際的使用需求，來決定所要安裝的工具才是最重要的。

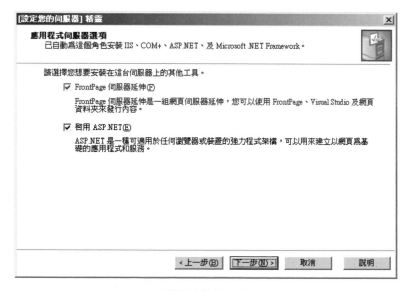

選擇安裝的工具

　　接著將會進入確認選取項目的畫面，在這顯示了預備進行安裝的摘要資訊，確認沒有問題後，就可以繼續進行安裝的程序，不過仍然再回到先前的步驟，修改安裝的項目。

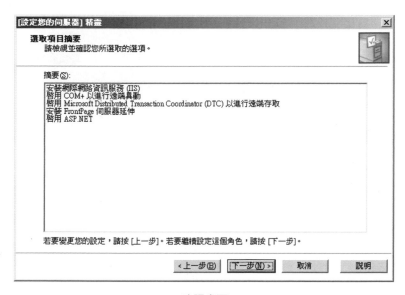

確認畫面

　　接著進開始進行安裝與設定的程序，在整個過程中會開啟Windows元件精靈，並且安裝所需要的檔案，會將先前所設定好的項目安裝到系統中，並且同時進行環境的設定。

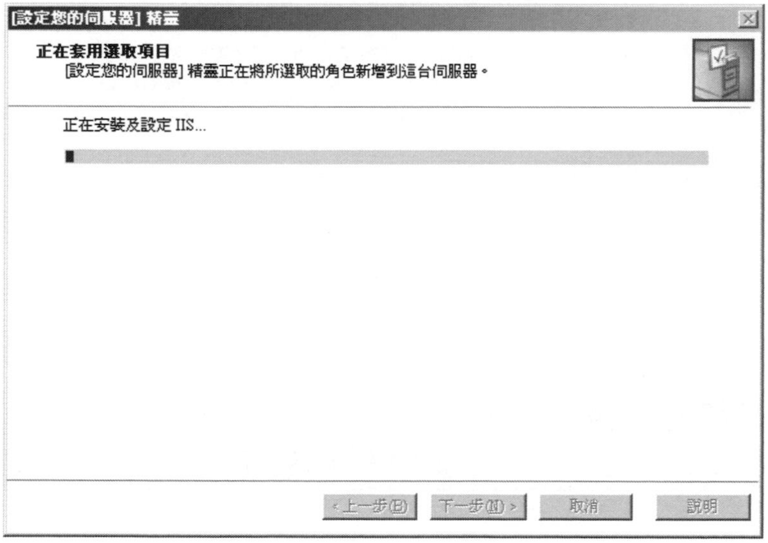

進行安裝與設定

　　由Windows元件精靈的畫面中，我們可以瞭解目前處理的程序以及進度，在這個步驟需要提供Windows Server 2003光碟片，以供元件精靈讀取所需要的檔案，在完成元件的安裝後，也進行相關組態的設定，以確定能夠與現有的作業系統相整合。

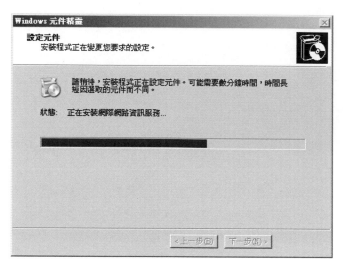

進行元件的安裝

　　完成檔案的複製以及環境的設定後，整個安裝程序就完成了，在完成設定的畫面中，可以進一步的查詢下一個建議進行的步驟，也可以檢視設定伺服器的記錄檔，按下「完成」按鈕就可以離開安裝的程序了。

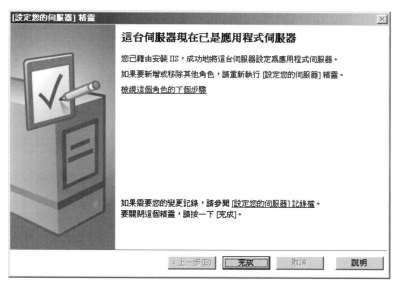

完成應用程式伺服器的安裝

完成伺服器的角色新增後，在「管理您的伺服器」畫面中，就可以看到剛剛所安裝的應用程式伺服器已經整合到同一個管理界面了，往後需要進行伺服器的設定時，就能夠直接透過這個界面進行管理的工作，也可以查詢相關的說明文件。

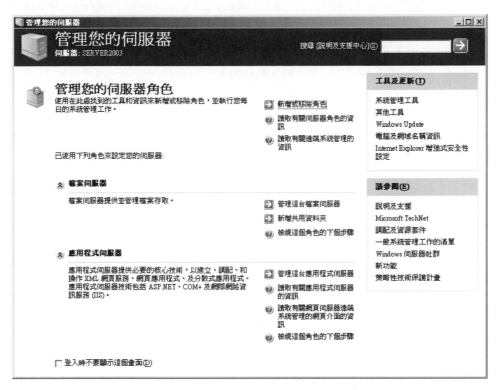

管理您的伺服器畫面

全新的應用程式伺服器，已經將目前應用在網路管理或是網站程式開發的技術整合在一起，能夠提供系統管理人員或是網站程式開發人員一個完整的平台，加快作業的時程，在後續的章節中，將針應用程式伺服器的設定、管理技巧以及環境的整合上進行介紹，除了檔案資源、網站服務之外，也能夠建立一個程式開發的環境，因應未來的需求。

2-2 應用程式伺服器的設定與管理

完成應用程式伺服器的安裝程序後，接著就是如何進行管理了，從「管理您的伺服器」畫面，就能夠直接進入應用程式伺服器的管理畫面，在這我們可以針對應用程式伺服器所提供的三個環境與工具進行屬性與環境的設定，包括了「.NET設定」、「網際網路資訊服務（IIS）管理員」以及「元件服務」，這些不同的項目就構成了應

用程式伺服器能夠提供的服務內容，整合後的環境能夠提供開發人員以及系統管理人員對於網路服務方面更佳的控制，能夠開發出符合各種需求的程式。

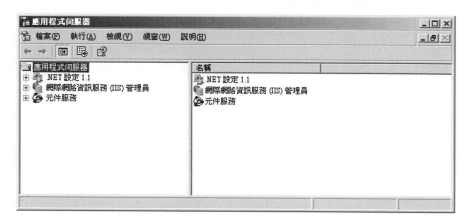

應用程式伺服器的畫面

應用程式伺服器是一種提供系統掌控之應用程式主要的基礎結構和服務的核心技術，應用程式伺服器包括了以下幾種服務：

◆ 資源連結，例如：資料庫連接區及物件區

◆ 分散式交易管理

◆ 非同步程式通訊，一般是透過訊息佇列

◆ 即時的物件啟動模式

◆ 自動化的XML Web Service介面，可用來存取商務元件

◆ 錯誤後移轉及應用程式健康狀況偵測服務

◆ 整合安全性

Windows Server 2003系列包含所有功能，外加XML Web Services、網頁應用程式及分散式應用程式等的開發、調配及執行時期管理的服務。

.NET設定1.1

.NET是近來微軟大力推廣的平台，主要是針對以XML Web服務為主，XML Web服務可讓多個應用程式透過Internet彼此通訊並共用資料，不論其作業系統或程式語言為何，透過這個新的計算平台 就能夠針對分散式的網際網路環境，解決定應用程式運作上的問題，.NET Framework有幾個主要元件：公用語言執行時間、.NET Framework

類別庫及執行時間主機，這些主要的元件分別負責不同的功能，因為.NET Framework
與Windows Server 2003已經整合，所以在安裝Windows Server 2003時，就會將.NET
Framework一併安裝到系統中。

◆公用語言執行時間

管理代碼執行並提供核心服務，例如記憶體管理、執行緒管理及遠程執行，
為.NET Framework的基礎。

◆.NET Framework類別庫

可重複使用類別的完整、物件導向集合，用來開發廣泛的應用程式，包括
ASP.NET應用程式及XML網頁服務。

◆執行時間主機

包括 Windows Forms 及 ASP.NET，它們會直接處理執行時間，來為管理代碼提供
可延展的伺服器端環境。

實現分散式計算最快的方法是藉由以下三種主要的方法，這也是加速分散式運算
發展的關鍵：

◆ Web 服務：

第一個方法是將 Web 服務普及化，包括軟體和網路上的資源（如儲存媒體）。

◆ 歸納整合

第二個方法是一旦準備好 Web 服務後，必須要能夠以非常簡易的方式將 Web
服務歸納整合在一起。

◆ 簡單且吸引使用者的操作環境

推廣分散式運算的第三個方法，是您必須提供簡單且吸引消費者或一般使用者
的操作環境。

在.NET Framework的組態設定中，分成了組件快取、管理已設定的組件、設定
程式碼存取安全性原則、調整遠端服務、管理個別應用程式等多項工作，而Windows
Server 2003能夠完全支援所需要的環境。

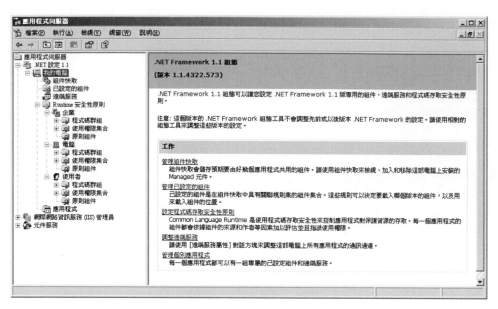

.NET設定

相關的設定

以下將介紹.NET中幾個主要的設定項目,在設定這些項目之前,必須先對於.Framework有初步的認識,

◆組件快取

組件快取中含有許多可供所有.NET Framework應用程式使用組件,同一個組件的不同版本可以同時存放在組件快取中,讓兩個必須使用不同版本之相同共用組件的應用程式仍然可以正常執行。

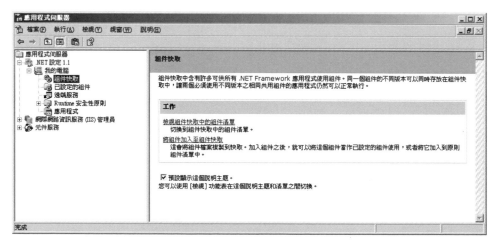

組件快取的說明畫面

可以檢視快取中的組件清單，在這顯示了目前已建立快取的組件名稱，組件目前的版本以及公開金鑰語彙基元。

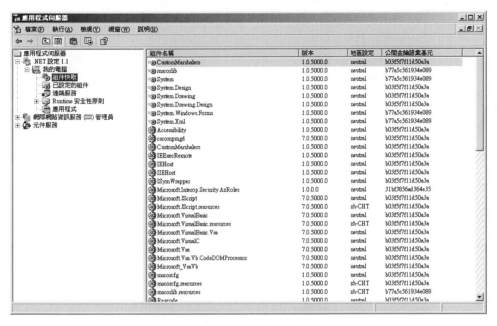

檢視組件快取中的組件清單

利用檢視內容，就能夠得到該組件更詳細的資訊，例如：修改時間、程式碼基底以及快取的類型，這些組件主要是提供給.NET Framework應用程式使用。

組件的內容

對於目前尚未建立快取的組件,也可以利用新增的方式,自行指定想要加入的組件,組件的類型必須是.dll或.exe副檔名,完成加入組件的程序後,就可以將這個組件當做已設定的組件來使用,或是進一步加入原則組件的清單。

將組件加入至組件快取

◆已設定的組件

已設定的組件是組件快取中具有關聯繫結原則或程式碼基底的組件,繫結原則可以讓我們在應用程式要求使用不同版本的組件時,能夠指定使用新版的組件,而程式碼基底可以讓我們指定某個特定版本組件的位置,因此如果電腦中尚未安裝執行應用程式所需的組件版本,程式碼基底就會發揮作用,這些組件的設定,都會直接影響在.NET Framework上執行的應用程式,所以在進行組件的設定時,需要特別的注意。

在這可以利用「已設定的組件清單」以及「設定組件」這兩項功能,進行組件的管理與設定。

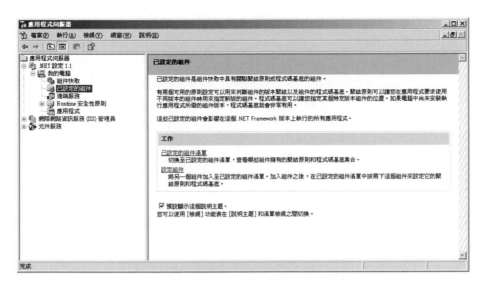

已設定的組件說明

　　已設定的組件中，可以讓我們查看組件目前的繫結原則、程式碼基底等資訊，這些組件是利用自行加入組件的方式建立的，因此如果你所需要使用的組件並未在清單中，則必須利用「設定組件」的功能進行新增組件的處理。

已設定的組件清單

　　「設定組件」能夠讓使用者自行加入現有的組件，或是手動建立所需要的組件，在加入組件，可以選擇「從組件快取選擇組件」或是「以手動方式輸入組件資訊」，如果選擇以手動方式建立組件，則必須輸入組件名稱以公開金鑰語彙基元等資料，以下採用從組件快取中選擇組件進行介紹。

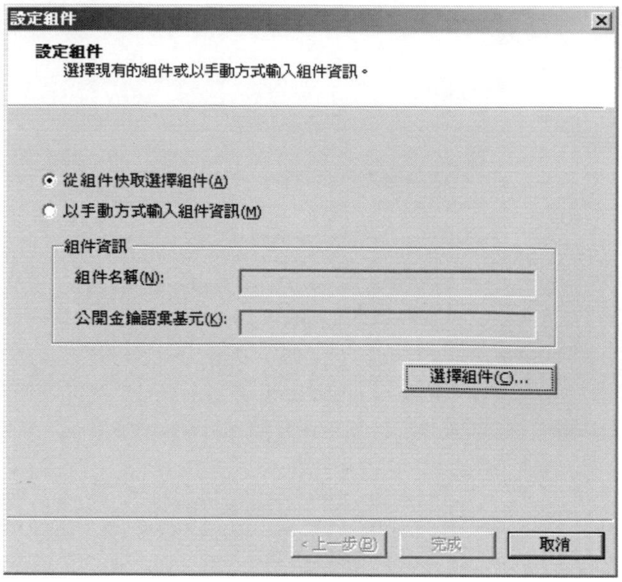

設定組件

按下「選擇組件」的按鈕後，就可以開啟快取組件的清單，顯示已完成設定的組件名稱，找到想要設定的組件後，就可利用「選取」的功能，將組件加入到設定的組件清單中，在這可以利用組件名稱、公開金鑰語彙基元以及版本等資訊，來判斷是否為我們所需要的組件。

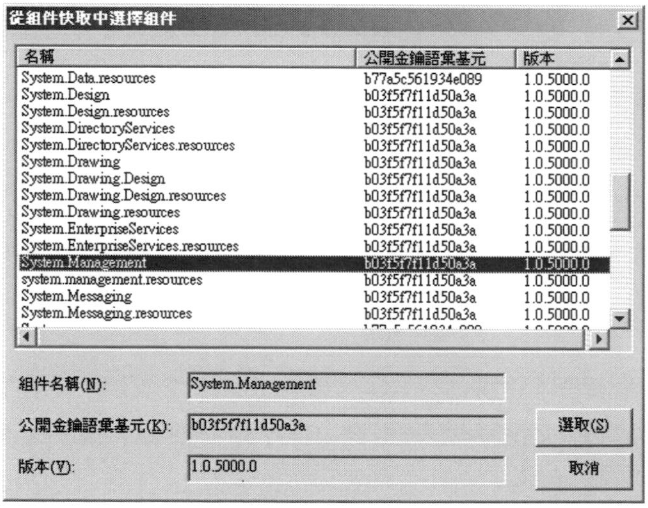

選擇組件

開啟組件的內容，則可以看到關於這個組件的資訊，主要有一般內容、繫結原則以及程式碼基底三個部份，在一般內容中，只會顯示組件的名稱以及公開金鑰語彙基元的資訊。

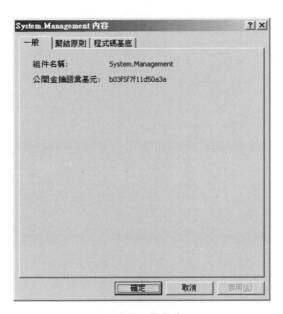

組件的一般內容

切換到「繫結原則」標籤頁，則可以利用在這所附的表格進行繫結的導向，例如版本更新後，可以利用這種方式，導向新版本的組件，不過在輸入版本的資訊時，必須注意所使用的格式問題。

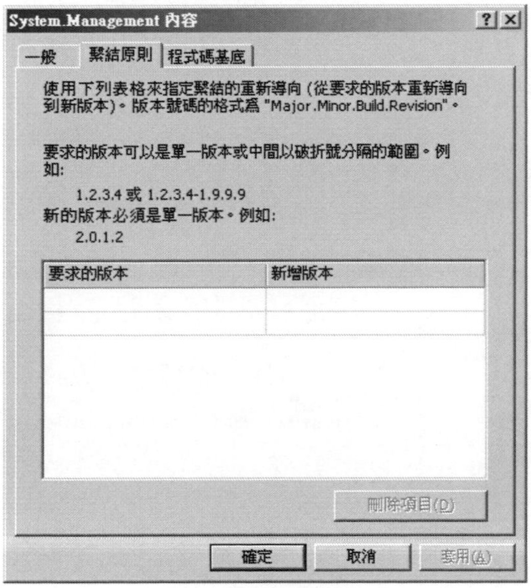

繫結原則

在「程式碼基底」標籤頁中，則可以在這設定這個組件特定版本的程式碼基底，同樣必須注意輸入的格式問題，而在版本的要求上，必須是單一版本號碼，而URI的資料必須包括所使用的通訊協定，例如：http或file等，輸入的格式與URL相似。

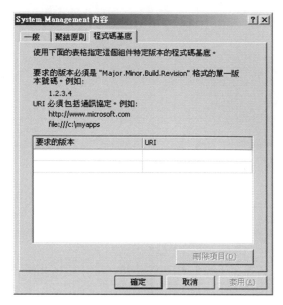

程式碼基底

◆遠端服務

應用程式能夠利用遠端服務，透過所指定的通訊協定建立通道，進行資訊的傳遞交流，因此遠端服務可以針對所要使用的通道進行設定，以確定進行通訊的兩端，都能夠透過共同的溝通方式進行連結，在這可以利用「檢視遠端服務屬性」的功能，針對不同的遠端服務進行設定。

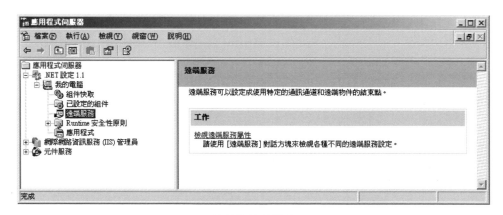

遠端服務的說明

遠端服務的內容，在這可以針對所使用的通道進行設定，直接由下拉式的選單中，就可以選擇想要使用的通道，接著進要通道屬性的設定，在清單中會顯示目前選取的通道能夠使用的屬性，以及目前的設定值。

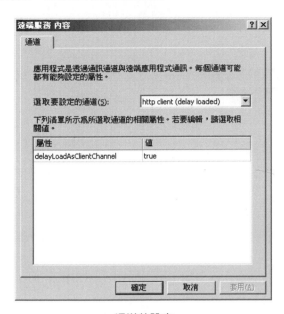

通道的設定

◆Runtime安全性原則

針對「企業」、「電腦」以及「使用者」授予安全性的原則，利用原則的設定，以保護資源的使用權限，主要是採用組件的識別項當做依據。

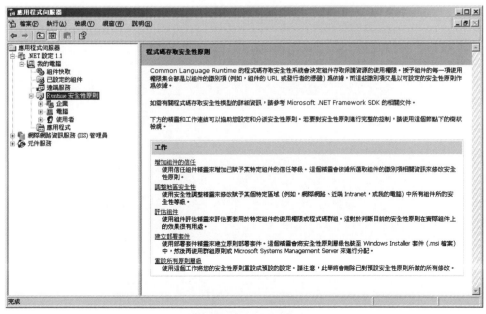

程式碼存取安全性原則

「增加組件的信任」，能夠利用使任組件精靈針對特定的組件賦予信任的等級，信任等級的異動，將會一併影響系統安全性原則的設定，進入設定的程序後，首先必須確定變更的類型，在這提供了「對這部電腦進行變更」以及「只對目前的使用者進行變更」，對於系統管理人員而言，必須確定目前所修改的安全性原則在適用性上的問題，確定適用的對象後，才能夠決定變更的類型。

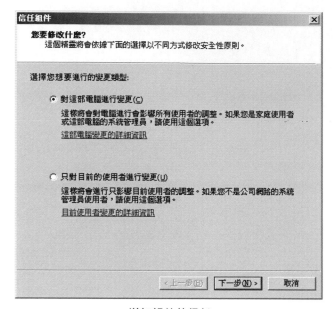

增加組件的信任

在這可以輸入要信任的組件路徑或是URL位址，確定組件後才能夠賦予安全性原則的設定。

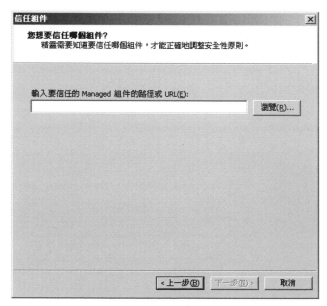

輸入組件的路徑或位址

　　調整地區安全性，可以針對「我的電腦」、「近端Intranet」、「網際網路」、「信任的網站」以及「限制的網站」等特定區域，進行安全性層級的設定，可以直接利用信任層級進行調整成適合的環境，不過因為安全性的調整，會影響存取或是執行時的權限，因此在調整時可以依循預設的層級進行調校。

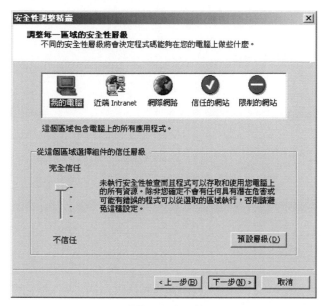

調整地區安全性

　　調整完成後，將會顯示所有的區域安全性層級摘要，讓我們再次檢視這些區域的安全性層級，如果想要進行變更，可以回到先前的程序，否則按下「完成」按鈕後，就會依照所設定的層級進行調整。

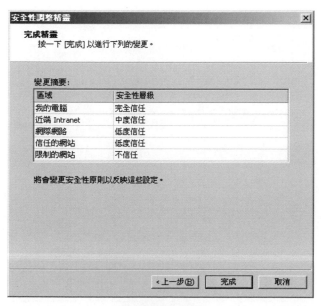

確認調整的內容

評估組件功能，可以決定授予組件的使用權限，在這有三個必須設定的評估重要，依序分別是「選取要評估的組件」、「選擇評估的類型」以及「選取要評估的原則層級」，指定好要進行評估的組件後，就可以進行評估類型以及原則層級的設定了。

評估組件

建立部署套件，可以用來將原則部署到所指定的安全性原則層級，可以指定「企業」、「電腦」或是「使用者」，部署時將會建立Windows Installer套件，可以將所需定的安全性原則設定到群組原則的樹狀結構中，當登入到Windows 2000或是Windows XP的用戶端時，在登入的過程中就會自動進行安裝。

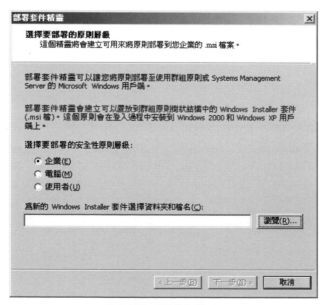

選擇要部署的原則層級

重設所有原則層級功能，會將目前所有調整的安全性層級，回復到預設的狀態，因此先前所設定的資料將會被移除，因此在進行重設所有的原則層級時，必須特別留意。

確認畫面

在「企業」、「電腦」以及「使用者」三個群組中，都提供了「程式碼群組」、「使用權限集合」以及「原則組件」等項目的設定，因此可以針對不同群組進行調校，而不會影響到其它的群組。

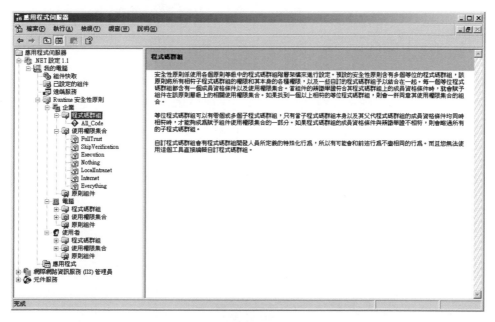

程式碼群組

「程式碼群組」，主要針對所使用的安全性原則進行設定，預設的安全性原則含有多個等位的程式碼群組，該原則將所有相符子程式碼群組的權限和其本身的各種權限以及一些自訂的程式碼群組結合在一起，每一個等位程式碼群組都含有一個成員資格條件以及使用權限集合，當組件的辨識舉證符合其程式碼群組上的成員資格條件時，就會賦予組件在該原則層級上的相關使用權限集合，利用建立程式碼群組精靈將新的程式碼群組加入成為這個程式碼群組的子系。

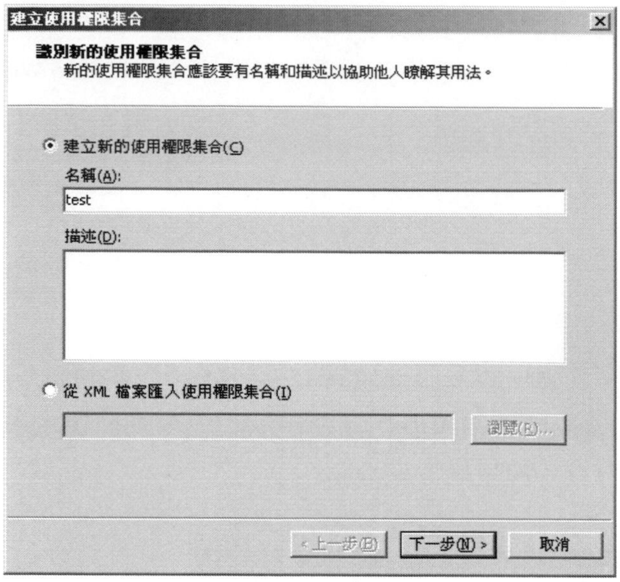

建立新的使用權限集合

在「可用的使用權限」中，顯示了相當多的資源項目，針對所選擇的項目，能夠指定這個使用權限集合能夠擁有的使用權限，可以授與組件存取檔案和目錄，包括了「讀取」、「寫入」、「附加」以及「路徑描述」等屬性，在設定屬性時儘量避免使用無限制的權限，這將會影響安全性原則的層級。

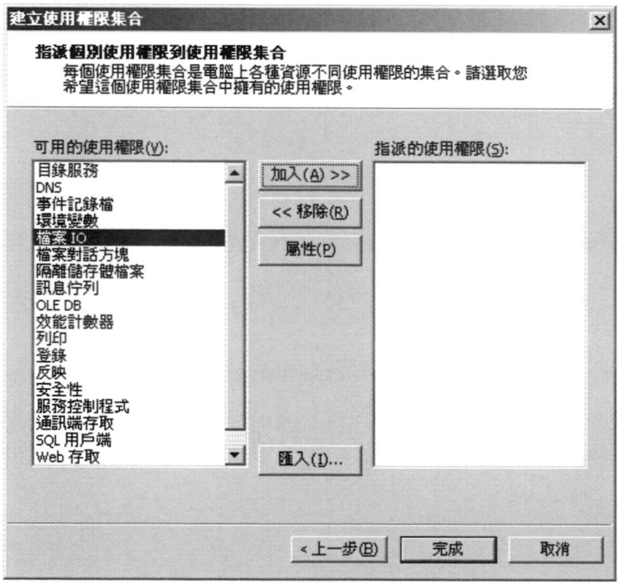

指派個別使用權限到使用權限集合

　　完成權限的設定後，就完成整個設定的程序了，不過針對現有的使用權限集合，也可以利用「檢視使用權限」、「變更使用權限」以及「重新命名使用權限集合」的功能進行管理的工作，針對不同的需求進行權限的設定，能夠調整出符合需求的環境。

使用權限集合的管理

　　「原則組件」，是在評估原則等級的期間，安全性系統所使用的組件，對於自訂的安全性物件，必須透過原則組件進行管理，以確定系統對於組件能夠提供相對應的原則，這也會影響對於組件的信任程度。

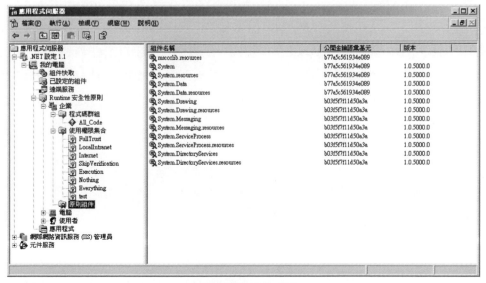

檢視原則組件的清單

「企業」、「電腦」以及「使用者」三個群組針對原則組件的設定都一樣，在此就不再個別敘述，在管理這些原則組件時，只需要確實掌握能夠賦予的權限，就能對於組件的權限確實掌控。

◆應用程式

針對應用程式伺服器進行管理的工作，可以加入要設定的應用程式，完成應用程式的建立後，就可以進一步的針對組件以及遠端服務進行設定，對於有相依性問題的應用程式，也能夠進行修復的程序，以確保所加入的應用程式能夠正常的運作。

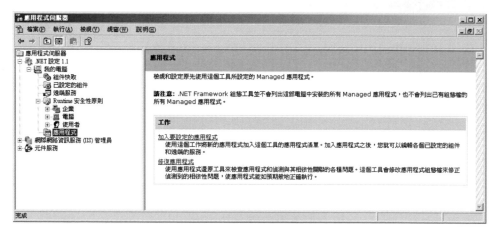

應用程式的設定

透過系統預設的Microsoft Management Console界面，能夠針對不同的需求，建立所需要的作業環境，整合作業流程中所需要使用到的應用程式，就可以節省作業的處理程式與步驟，縮短操作的時間，利用「組件相依性」、「已設定的組件」以及「遠端服務」三項功能，可以完全的掌握應用程式所能夠提供的服務，以及運作的狀況，「組件相依性」可以瞭解應用程式在執行的過程中，相關聯的組件資料，而「已設定的組件」功能，能夠針對具有關聯繫結原則或程式碼基底的組件具有關聯繫結原則或程式碼基底的組件進行設定，而「遠端服務」則可以設定成使用特定的通訊通道和遠端物件的結束點。

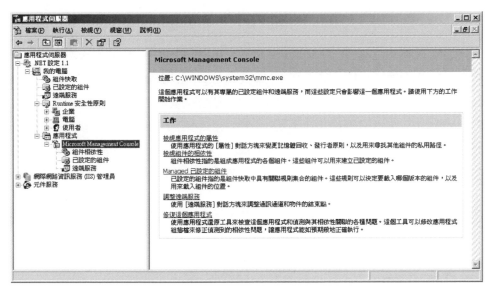

應用程式的內容

　　利用以上所介紹的功能，對於.NET的環境能夠確實的掌握，這也是應用程式伺服器較以往的版本而言，可以大幅提昇與應用程式之間相容性的技術，透過.NET Framework所提供的作業環境，能夠開發出符合網路運作需求的程式，以系統管理的角度而言，能夠利用整合後的界面，簡化設定與維運上的麻煩。

網際網路資訊服務(IIS)管理員

　　Internet Information Services（IIS）是以往提供網站服務重要的工具，在Windows Server 2003中結合了應用程式的使用，讓網站所能夠提供的服務，以及在網路資料的處理上，更容易與網站相結合，在網際網路資訊服務管理員中，分成了「應用程式集區」、「網站」以及「網頁服務延伸」三個主要的類別，如果未來會再加入像FTP站台之類的服務，則會再一併整合到同一個管理界面中。

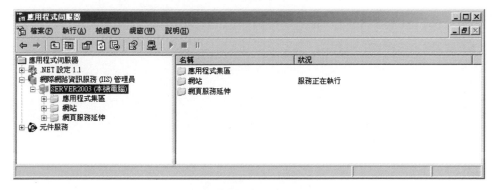

網際網路資訊服務管理員

◆應用程式集區

　　「應用程式集區」分成了「DefaultAppPool」以及「MDDharePointAppPool」兩個類別，這兩個類別中，第一個是預設建立的應用程式集區，而第二個則是由SharePoint所建立的，應用程式集區允許將特定設定套用到應用程式群組，以及服務那些應用程式的工作者處理序，可將任何網站目錄或虛擬目錄指派給應用程式集區，藉由建立新應用程式集區及為其指派網站及應用程式，可使伺服器更有效率且更可靠，並且即使新應用程式集區中的應用程式終止，其他應用程式亦可繼續使用。

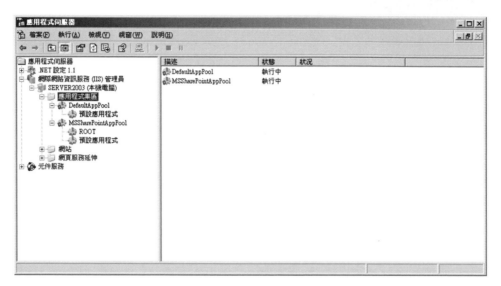

應用程式集區

　　開啟應用程式集區的內容，可以針對「回收處理」、「效能」、「健康情況」以及「身分識別」等四個項目進行設定，在「回收處理」的標籤頁中，可以使用「回收工作者處理序」以及「在下列時間回收工作者處理序」等方式，直接針對應用程式集區的使用，在「回收處理」的處理的程序上，指定回收的時間或是時間週期。而在記憶體的回收上，則可以指定在耗盡太多記憶體時，進行回收工作者的處理程序，在這限制最大虛擬記憶體以及最大已使用記憶體的容量。

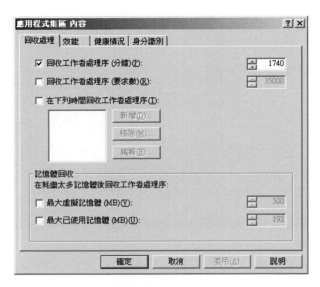

回收處理的設定

在「效能」標籤頁中,則可以針對「閒置等候時間」、「要求佇列限制」、「啟用CPU監視」以及「網頁處理序區」進行設定,一般而言可以使用預設值即可,如有特定的需求,再依據實際的使用狀況進行調整即可。

效能的設定

「健康情況」標籤頁,則提供了「啟用Ping」、「啟用快速失敗保護」、「啟動時間限制」以及「關閉時間限制」等四個項目的設定,這些項目都可以提供我們瞭解現在應用程式集區的狀態,以確保預設的服務能夠正常的運作,而時間的間隔建議直接使用預設值即可。

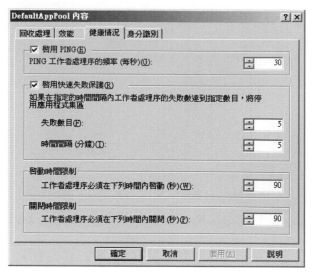

健康情況的設定

　　「身分識別」標籤頁，可以針對應用程式集區的安全帳戶進行設定，一般的狀況下，可以使用預先定義的「網路服務」選項，當然也可以自行設定身分識別的資料，不過這就必須自行輸入使用者名稱以及密碼，如果使用指定特定使用者的方式，則在提供應用程式集區的服務時，就必須通過使用者的驗證才能夠使用。

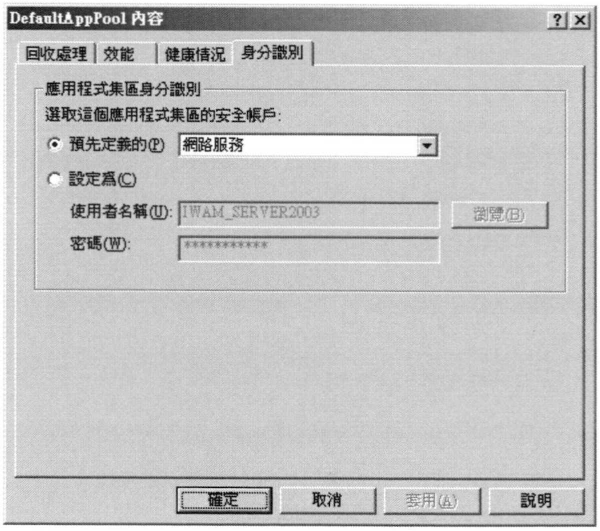

身分識別的設定

◆網站

　　網站是目前網際網路的環境中，最常被使用的服務，而網站的數量也是快速的增加，以公司行號或是企業團體、甚至是個人使用者而言，都會架設網站上的需求，以建立一個能夠與外界面溝通，或是呈現資訊的管道，因此在網站的建置與管理上，相形之下就顯得特別的重要，在完成應用程式伺服器的建置後，預設就會建立「預設的網站」以及「Microsoft SharePoint管理員」兩個網站，不過如果在往後使用上，並不會使用到這兩個網站，則建議直接關閉這兩個網站的服務，不過不一定得完全移除，以避免日後需要使用時，必須重新自行建立的麻煩，在提供網站的服務時，如果是一個全新的網站，則建議另外新增網站，而不要與現有的網站混在一起，造成管理上的不便。

網站的內容

　　關於網站的管理與設定，將在後續的章節中深入的介紹。

◆網頁服務延伸

　　針對目前系統現有的網頁服務延伸的項目，能夠進行「允許」與「禁止」的設定，或是開啟該項服務的內容，能夠取得該項目更詳細的資訊，另外如果有其它的網頁服務延伸，也可以在這個管理畫面中進行新增的程序，在這提供了「延伸」以及「標準」兩種檢視模式，雖然所顯示的畫面不同，不過所提供的項目都是一樣的。

延伸檢視模式

元件服務

元件服務提供了設定與管理COM元件與COM+應用程式的環境，主要是為系統管理員及應用程式開發者所設計的，例如：開發者可以設定常式元件和應用程式行為，如參加交易和物件集區，而「元件服務」系統管理工具提供新功能及對現存功能的變更，設計這些新功能為開發者及系統管理員改進COM+應用程式整體的擴充性、可用性、安全性及易管理性。

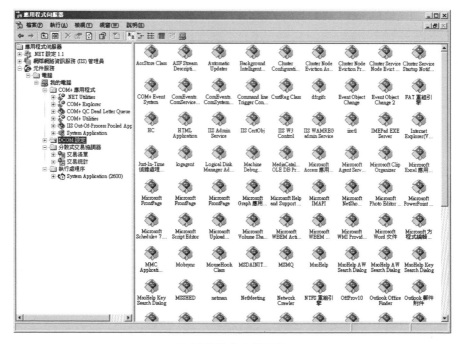

DCOM設定中的元件

　　在COM+應用程式中，分成了「.NET Utilities」、「COM+ Explorer」、「COM+ QC Dead Letter Queue Listener」、「COM+ Utilities」、「IIS Out-Of-Process Pooled Applications」以及「System Application」等類別的元件，這些元件都提供不同的服務，因此在設定這些元件時，必須先確定所影響的服務，其它像「DCOM設整」、「分散式交易協調器」以及「執行處理序」等項目的元件，在使用與設定上大同小異，在此就不再贅述了。

元件服務的項目

網站的建立

　　在應用程式伺服器的管理畫面中，利用網站建立精靈，可以直接建立新的網站，不過在建立新的網站之前，必須先確定網站檔案所在的位置、網址等相關的資料，在設定網站的環境時，才能夠正確的提供所需要的資料。進入網站建立精靈後，首先必須輸入網站的說明，主要提供給系統管理人員辨識不同的網站，因此當網站的數量較多時，明確的網站說明，可以快速的進行每一個網站的環境設定。

輸入網站的說明

　　接著可以選擇網站的IP位址、TCP連接埠以及網站的主機標頭，如果在同一個電腦中有兩個以上的網站需要同時運作時，就必須利用TCP連接埠或是網站的主機標頭進行區別，一般而言並不會特別指定網站的IP位址，使用不同的TCP連接埠來做為不同的網站之間的辨別，則瀏覽網站的使用者，必須確實知道我們所設定的TCP連接埠，這樣的方式比較有實要上的困難，除非是內部區域網路所需要使用的網站，則可以使用這樣的方式，包括了使用相同的IP位址搭配不同的TCP連接埠，不過如果是透過網際網路提供服務的網站，則建議使用主機標題會方式，利用不同的名稱來代表不同的網站，以提供網站的服務。

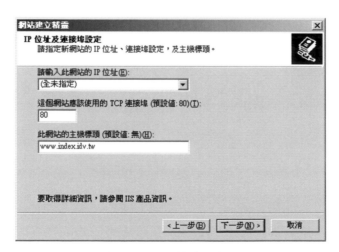

輸入IP位址及連接埠設定

　　接著輸入網頁內容子目錄的根目錄，為了管理網站的檔案，一般會將不同的網站使用不同的資料夾來儲存，因此在這只需要將路徑指向網站的根目錄，而在這個目錄中再放置所需要的子目錄以及相關的網頁檔案、影像檔案，另外如果是公開的網站，則必須啟用允許匿名存取此網站的功能。

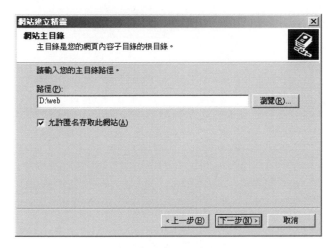

網站主目錄的設定

　　在網站存取權限的設定中，一般的網站都是允許進行「讀取」的權限，不過針對不同的執行環境，以及所開發出來的網站，必須依據實際的需求，提供「執行指令碼」、「執行」、「寫入」或是「瀏覽」的功能，不過如果不需要授予的權限，則必須關閉，以避免造成安全上的問題。

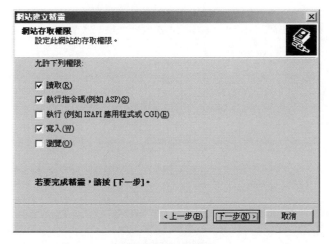

網站存取權限的設定

完成所有環境的設定後,在應用程式伺服器的管理畫面中,就可以看到剛剛建立好的網站,如果此時該網站的主目錄中,已經有網頁、圖片的檔案,則可以在右方顯示檔案的資訊。

完成網站的建立

完成網站服務的設定後,可以試著開啟瀏覽器,將網站的內容透過瀏覽器呈現出來,以確定網頁能夠正常的顯示,再進一步的測試撰寫好的功能,以確定能夠正常的運作。

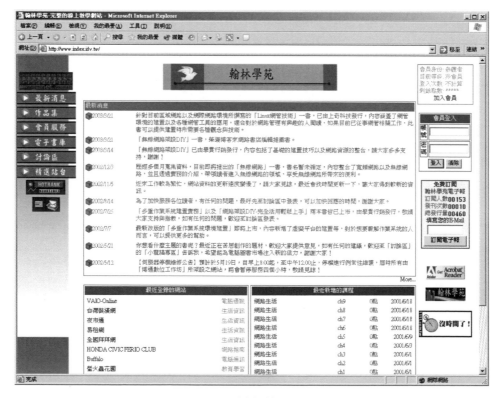

瀏覽網站

關於網站的管理可以參考後續的章節，將會再深入的針對網站內容中的各項設定進行解說。

2-3　檔案伺服器的設定與管理

檔案伺服器可以提供其它的使用者，透過網路來存取我們所提供的檔案資源，在這一節中，將介紹檔案伺服器的安裝與設定，利用共用資料夾的方式，將想要提供分享的檔案放置在已開放共用的資料夾中，再依不同的使用者或是群組，設定不同的使用權限，進一步做好管理的工作，除了能夠提供檔案存取的服務之外，能夠適用於區域網路或是網際網路的環境，不過能否順利的提供服務，會與所提供的權限以及網路架構相關，例如：使用虛擬位址的電腦，除非特定在NAT的部份進行設定，否則網際網路上的電腦，並無法直接取得使用虛擬位址電腦上的資源。

安裝檔案伺服器

檔案伺服器可以由新增伺服器角色的方式進行安裝與設定，從「管理您的伺服器」功能中，進行新增伺服器角色的處理程序，完成系統與網路環境的偵測後，將會顯示目前的伺服器角色清單，在這可以看到每一個角色目前的狀態，選擇「檔案伺服器」，然後按下「下一步」按鈕繼續進行安裝的程序。

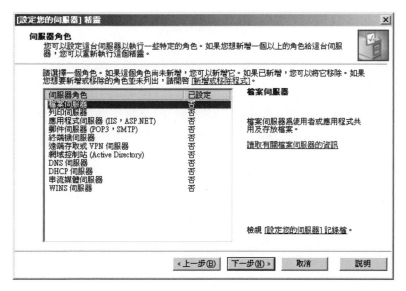

選擇伺服器的角色

　　接著必須進行檔案伺服器的配額設定，如果不想進行配額的設定，則可以選擇不使用，反之則必須依據目前系統的狀態，設定「限制磁碟空間」以及「設定警告等級」兩個項目，因為檔案伺服器將會提供使用者進行檔案的存取，如果磁碟機的容量受到限制，或是想要針對所提供給檔案伺服器的磁碟空間進行限制，則可以在這輸入想要提供的磁碟容量即可，接著再設定提出警告的等級，當檔案伺服器可用的磁碟空間低於警告的等級，則會發出訊息以以知系統管理人員進行處理，另外以系統維運的角度來看，也可以針對磁碟空間限制以及警告等級進行事件的記錄，以備後續需要查驗時，能夠有個參考的資訊。

檔案伺服器配額的設定

　　索引服務會將針對目前提供共用的資料夾進行分析，並且將資料夾中的檔案，依據檔案的內容進行分析，並且建立索引，這些資料可以提供使用者在進行檔案的搜尋時，加快搜尋時所花費的時間，不過因為索引服務需要花費系統的資源進行檔案內容的分析與歸類，因此將會造成系統效能的降低，因此除非使用者經常會在檔案伺服器進行檔案內容的搜尋，才有必要啟用索引服務。

Chapter 2
應用程式伺服器

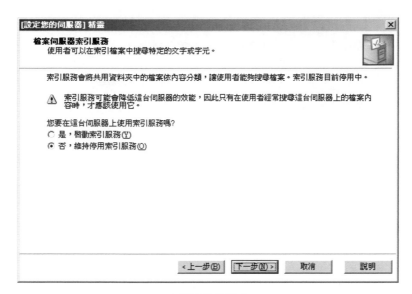

索引服務的設定

　　完成設定後，接著將會顯示先前所設定好的主要項目，並且讓我們進行確認，如果想要修改這些設定好項目，則可以再回到先前的步驟重新設定即可，如果沒有問題，則可以繼續進行後續的安裝程序以及進行系統環境的調校。

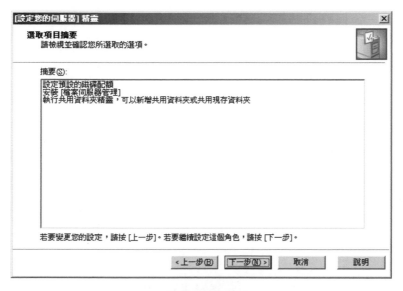

選取項目摘要

　　接著將會進行共用資料夾的設定，首先會啟動共用資料夾精靈，以協助我們進行共用資料夾的設定，這也包括了資料夾的存取權限，按下「下一步」按鈕繼續設定的程序。

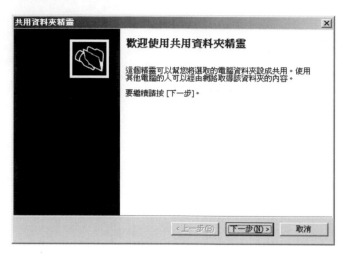

啟動共用資料夾精靈

指定資料夾的路徑，在這所顯示的電腦名稱，為目前系統所設定好的名稱，接著必須指定要提供共用的資料夾路徑，如果不確定資料夾的路徑，也可以利用「瀏覽」按鈕，直接建立新資料夾或是選擇一個已存在的資料夾。

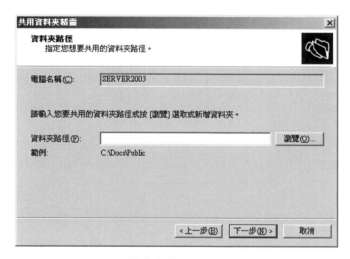

設定資料夾的路徑

在瀏覽資料夾的畫面中，可以直接切換到不同的磁碟機，指定想要提供共用的資料夾，然後再按下「確定」按鈕，如果想要建立一個新的資料夾，在選擇好磁碟機後就可以按下「建立新資料夾」的按鈕，就可以建立一個新的資料夾，完成名稱的設定後，再直接點選所建立好的資料夾以提供共用，對於指定共用資料夾的設定而言是相當容易的。

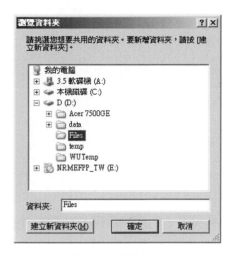

指定共用的資料夾

完成設定後，就可以進行資料夾名稱、描述與相關的設定，在這所指的名稱與描述資訊，不一定得與原本的資料夾相同，因為在這所輸入的資料，將會直接顯示在網路上，以提供其它的使用者，透過我們所提供的資料進行檔案的存取。

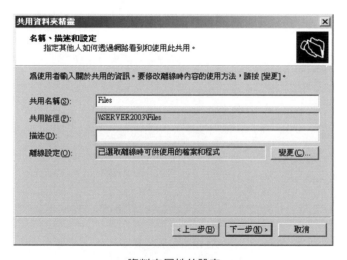

資料夾屬性的設定

針對離線時，也可以提供相關的設定，主要是針對離線的使用者是否可以使用共用內容，或是如果使用共用的內容，在這提供了三種不同的模式可以選擇，分別是「只有使用者指定的檔案和程式可以在離線時使用」、「使用者從共用開啟的所有檔案和程式將可於離線時使用」以及「來自共用的檔案或程式無法於離線時使用」，至於要使用那一種模式，系統管理人員可以依據網路環境以及其它使用者需求來決定。

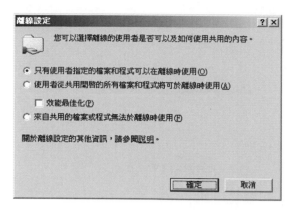

離線的設定

再來必須設定共用資料夾的使用權限,在這預設了三種不同的權限,以及一種讓使用者自訂權限的選項,因為預設的選項只將使用者分成了「所有使用者」以及「系統管理員」兩種身份,針對個別的使用者,並無法進行個別的設定,因此如果預設的選項無法滿足實際使用上的需求時,則可以利用自訂的方式進行權限的設定。

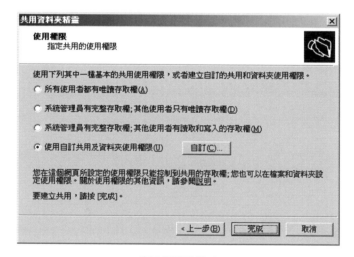

使用權限的設定

如果使用自訂權限的方式,將會顯示「自訂使用權限」的畫面,在這顯示了已經建立好的群組或是使用者,在預設的模式中,只有「Everyone」這個群組,如果想要針對個別的使用者進行設定,則必須移除「Everyone」這個群組,以避免與其它的使用者權限相衝突,針對群組或是使用者進行設定時,都能夠選擇「允許」以及「拒絕」兩種不同的權限,一般而言只需要開放讀取的權限即可,不過如果預備提供許多使用者進行檔案交流的資料夾,則必須開啟變更的權限,而針對系統管理人員,則可以再加入完全控制的權限設定,針對不同的使用者可以進行權限的設定,不同的使用

者不一定使用相同的權限，但是如果同時屬於同一個群組，則群組權限將會影響個別使用者的使用權限。

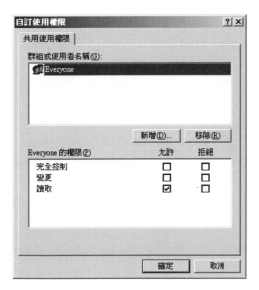

自訂使用權限

完成各個項目的設定後，共用資料夾就完成共用設定了，在這可以得知處理後的狀態以及剛剛所處理的程序摘要，如果要再共用其它的資料夾，只需要重覆執行相同的程序即可。

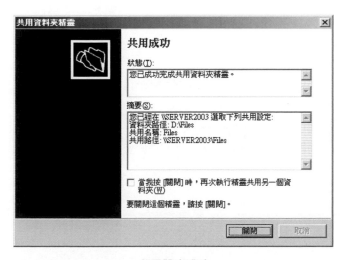

共用設定成功

最後可以看到完成伺服器角色新增與設定的畫面，按下「完成」按鈕就可以完成檔案伺服器的新增與環境設定了，後續的內容將繼續針對檔案伺服器的管理與環境的設定進行介紹。

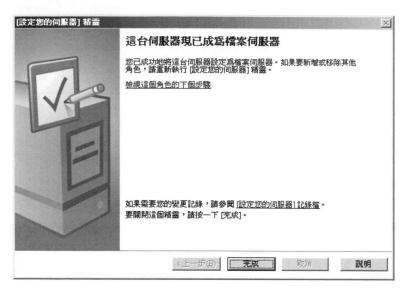

完成檔案伺服器的新增

如果想要針對剛剛所設定的程序以及所調校出來的環境進行確認,則可以開啟記錄檔案,在這可以看到處理的時間以及設定的內容,這些資訊是做為後續系統管理與維護時的參考。

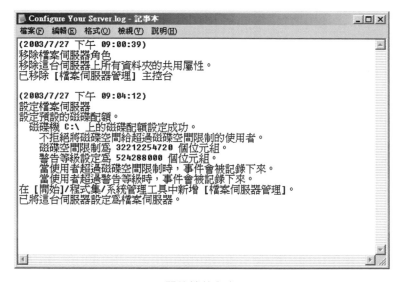

記錄檔的內容

檔案伺服器的設定是相當容易的,透過資料夾的共用,就能夠提供給網路上的使用者,能夠共同使用由檔案伺服器所提供的資源,配合建構出來的網路環境,就可以達到資源共享的目標。

檔案伺服器的設定

　　檔案伺服器主要是針對網路上的資料共用，透過共用資料夾的設定，將電腦中的檔案、文件提供給網路上的使用者，不過如果不是完全開放的共用資料夾，在進入該資料夾之前，仍然必須提供使用者帳號與密碼以資驗證，透過「管理您的伺服器」畫面，就能夠進入檔案伺服器的設定程序。

　　在檔案伺服器的管理畫面中，顯示了目前已提供共用的資料夾，同時也顯示目前的狀態資訊，在所有的共用資料中，每一個磁碟機都是預設共用的，而且無法停止共用的服務，依據伺服器所提供的服務不同，也會建立不同的共用名稱，例如：遠端管理的服務，就會建立一個「ADMIN」的共用名稱，而資料夾的路徑，直接指向「C:\Windows」，因此對於這些預設會開啟的共用資料，就必須確實注意資料存取的情況，另外在管理共用資料夾的畫面中，在這可以利用所提供的各項功能進行管理的工作，例如：新增共用資料夾、備份檔案伺服器、傳送主控台訊息等，這些工作都是在管理檔案伺服器的過程中，可能會使用到的，在後續的內容中，就會針對這些功能進行介紹。

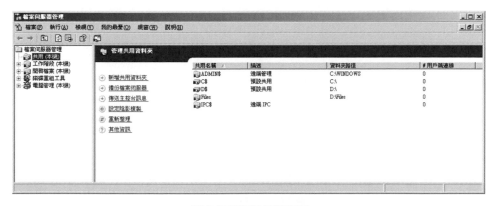

檔案伺服器的管理畫面

　　在「工作階段」項目中，顯示了目前正進行連線的使用者、包括了使用者的來源、開啟的檔案數量、已連線的時間、閒置的時間，而在工作階段中，可以利用「傳送主控台訊息」、「中斷所有工作階段的連線」等功能，針對使用者進行管理，因為工作階段的內容並不會每隔一段時間就自動更新，因此如果要取得目前的最新狀態，則可以利用「重新整理」的功能，取得目前的狀態。

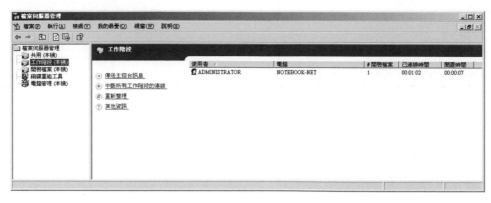

工作階段

　　選擇接收者以及輸入想要傳送的訊息後，就可直接按下「傳送」的按鈕，直接將所輸入好的訊息內容，傳送給指定的使用者。

輸入傳送的訊息

　　在指定的接收者桌面上，將會顯示「信差服務」的對話方塊，在這就會顯示由檔案伺服器所傳來的訊息，會包括發出訊息的來源、日期、時間以及訊息的內容，可以應用在許多的方面，例如：當檔案伺服器預備進行維護時，可以利用這項功能來通知所有目前仍在線上的使用者，以提供使用者關閉目前已經開啟的檔案，結束正在處理的程序，以確保在進行維護時，不會造成檔案資料的毀損。

收到的訊息

　　切換到「開啟檔案」的項目，在這顯示了目前被開啟的檔案或是資料夾，從右方的清單中，可以知道目前的存取者、鎖定編號以及開啟的模式，提供系統管理人員掌握目前的檔案使用情況，如果對於有問題的連線，可以直接利用管理的功能，將所指定的連線中斷，或是直接中斷所有開啟的檔案連線，在完成處理的工作後，可以利用「重新整理」的功能，以取得最新的狀態。

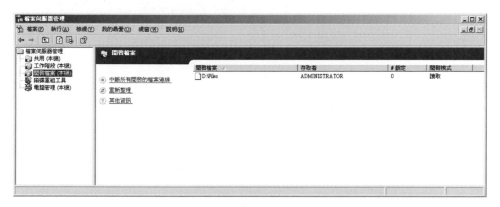

開啟的檔案

　　在檔案伺服器管理中也提供了「磁碟重組工具」，相關的操作方式可以參考上一節的介紹與說明，在這就不再贅述了，可以進行磁碟的分析與重組的工作，當檔案過於分散時就需要進行磁碟的重組，在系統運作一段時間後，檔案分散的情況會越來越嚴重，因此就需要定期的進行磁碟重組的作業，以確保系統運作的效能。

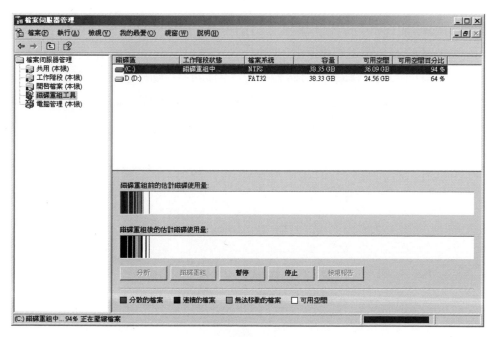

磁碟重組工具

完成磁碟重組的處理程序後，如果想要對於重組的結果進一步的瞭解，可以利用
「檢視報告」的功能，就能夠開啟磁碟重組的報告，在這可以知道磁碟區的資訊，包
括了磁碟區的大小、叢集大小、已使用空間、可用空間、磁碟區分散程序等資訊，在
完成磁碟重組的工作後，磁碟區分散的情況應該能夠大幅改善，另外如果有未重組的
檔案，則會以清單的方式顯示出來供我們參考。

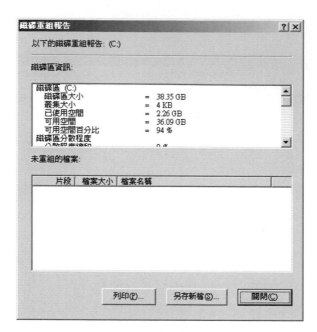

磁碟重組的報告

　　在「電腦管理」的項目中，顯示了目前系統上所有的磁碟，包括了硬式磁碟機
以及光碟機，其中如果有進行邏輯磁碟的分割，也可以一併在這看到分割出來的磁碟
機，另外也可以取得每一個磁碟的檔案系統、目前的狀態、容量、可用空間、可用空
間的百分比、是否提供容錯能力以及預先配置的大小等資訊，而下方的位置，則顯示
實體磁碟與邏輯磁碟之間的關係，並且使用不同的顏色來區別「主要磁碟分割區」、
「延伸磁碟分割區」以及「邏輯磁碟機」。

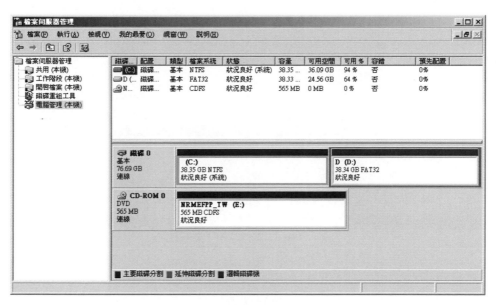

電腦管理

　　提供共用的資料，可以利用「網路上的芳鄰」或是「建立連線網路磁碟機」的方式進行資料的存取，在區域網路中只需要知道電腦名稱或是IP位址，再通過使用者帳號與密碼的驗證，就能夠直接取得所需要的資料，不過如果需要透過網際網路，則所提供資料共用的電腦，必須使用合法的IP位址才行。

FTP站台

　　FTP站台是IIS伺服器所提供的另一項功能，可以提供伺服器檔案傳輸服務，建立好伺服端的環境後，使用者可以利用CuteFTP、SmartFTP或是瀏覽器等方式，以用戶端的模式與伺服端建立連線，通過使用者的驗證後，就可以賦予所提供檔案存取權限，而FTP站台可以成為區域網域，甚至是網際網路中一個檔案資源的供應中心。

◆新增元件

　　FTP站台的功能，在預設安裝的情況下，是不會自動安裝到作業系統中的，主要是因為安全上的考量，避免造成系統管理人員在不知情的情況下，成為系統安全上的一個隱憂，由Windows元件精靈的元件「Application Server」中，就可以找到「網際網路資訊服務（IIS）」的子元件，而「檔案轉換通訊協定（FTP）服務」就在這個子元件中，利用「詳細資料」的功能就能夠找到所需要的項目。

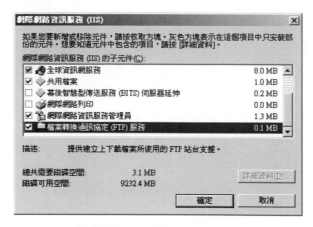

檔案轉換通訊協定（FTP）服務

完成元件的新增後，FTP站台就會整合到應用程式伺服器中，透過統一的界面就能夠同時對於所有能夠提供的應用程式資源進行管理，點選「FTP站台」後，就可以看到目前已完成設定的FTP站台，預設就會建立一個使用21連接埠號的FTP站台，一般而言會建議停止此一站台，然後再自行建立所需要提供的FTP站台服務。

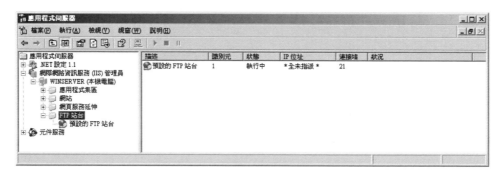

FTP站台的內容

◆建立新的FTP站台

想要建立一個新的FTP站台是相當容易的，只需要由應用程式伺服器的管理畫面中，利用新增「FTP站台」的方式，就可以開啟FTP站台建立精靈，然後依循畫面上的說明，輸入所需要提供的資料，就可以快速的完成FTP站台的建立，然後再開啟FTP站台的內容，進一步的針對細節進行調整，一個全新的FTP站台在短短的數分鐘之內，就可以建立完成，提供FTP服務了。

在FTP站台建立精靈中，首先必須輸入FTP站台的說明，這些所輸入的資料，主要是提供系統管理人員，可以輕易的辨識出FTP站台，因為當建立多個FTP站台時，管理的工作相形之下就會顯得格外重要。

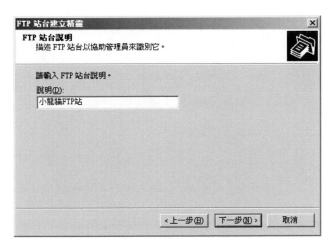

輸入FTP站台的說明

　　輸入FTP站台所使用的IP位址，可以直接由下拉式的選單中，選擇目前網路界面所使用的IP位址，或是不指定IP位址亦可，不過這就得配合網域名稱等環境的設定才行，接著必須輸入FTP站台所使用的TCP連接埠，預設值為21，不過如果有特別的需求，則可以使用其它的連接埠，不過在設定時必須避免與其它的應用程式或是網路服務使用相同的連接埠，而影響系統正常的運作。

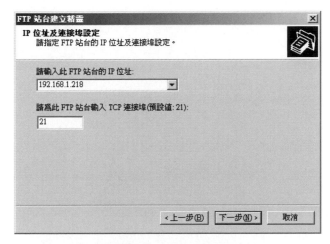

選擇IP位址與輸入連接埠

　　接著由安全性方面來考量，可以針對登入的使用者在FTP上的使用模式進行選擇，在這提供了三種不同的模式，分別是「不要隔離使用者」、「隔離使用者」以及「用Active Directory來隔離使用者」，其中最後一項必須配合網路環境進行Active Directory伺服器的建置，才能夠選擇此種模式，在這所選擇的隔離模式，完成FTP站台的建立後就無法進行變更，因此在選擇時必須依據實際的網路環境以及使用上的需求，仔細的評估適用的模式。

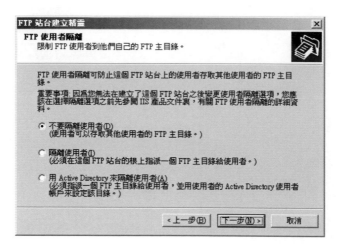

選擇FTP使用者的隔離模式

　　FTP站台必須指定一個主目錄的路徑，然後再提供這個目錄下的檔案資源，因此必須在這輸入這個主目錄的路徑，可以利用瀏覽的方式，直接指定一個想要成為FTP站台根目錄的資料夾。

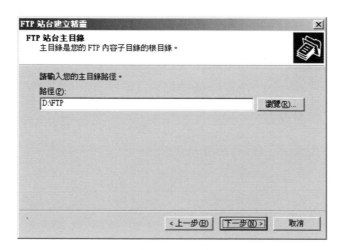

指定主目錄的路徑

　　根據實際上的需求，必須指定FTP站台的存取權限，在這提供了「讀取」以及「寫入」兩種權限，如果需要提供寫入的權限時，必須規劃出提供使用者上傳檔案的資料夾，在檔案資料的管理上較有系統性，而其它提供檔案下載的資料夾，就不需要開放能夠寫入的權限了，這樣可以確保檔案資料不會被變更。

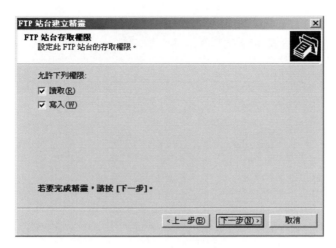

設定FTP站台的存取權限

　　依序完成環境的設定後，在應用程式伺服器中就會出現設定好的FTP站台，並且會被整合到FTP站台的項目中，方便系統管理人員進行系統的維護，能夠快速的找到所需要的項目。

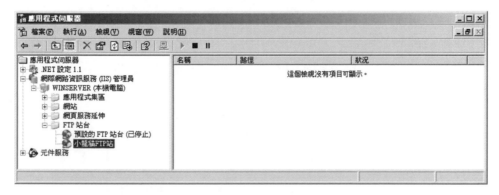

完成FTP站台的建立

◆FTP站台的管理

　　在FTP站台的管理上，可以直接在想要進行管理或是內容設定的FTP站台，利用滑鼠右鍵的快捷功能表選單，或是工具列所提供的功能，開啟該FTP站台的內容，就可以針對「FTP站台」、「安全設定帳戶」、「訊息」、「主目錄」以及「目錄安全設定」進行管理，主要是針對FTP站台進行環境的設定。

　　在「FTP站台」標籤頁中，可以修改FTP站台的識別資料、FTP站台的連線參數以及站台的記錄等，如果是一個正在運作中的FTP站台，而我們又想要知道目前正在使用FTP站台服務的使用者時，則可以利用「目前工作階段」的功能，直接檢視目前正在FTP站台上的使用者，以及目前的使用情況。

FTP站台的基本設定

在目前工作階段中，可以確定目前已建立連線的使用者清單，登入的時間以及使用的時間，這些資訊可以提供系統管理人員針對FTP站台的運作進行分析，以確定提供的檔案傳輸服務是否適合，做為日後調整環境參數時的依據，另外如果針對特定的使用者，或是全部的使用者，也可以進行中斷連線的控制，當發現不應該存在或是特定的使用者在不當存取FTP站台時，就可以利用中斷連線的功能，直接中斷FTP站台與使用者之間的服務。

目前工作階段的狀態

在「安全設定帳戶」標籤頁中，可以設定FTP站台是否要提供匿名連線的服務，如果是一個公開提供檔案傳輸服務的FTP站台，則建議提供匿名連線的功能，不過如果是一個企業內容，或是特定族群的使用者專屬的FTP站台，就不建議提供匿名連線的服務，以確保資料的保密性與安全性，因此是否要提供匿名連線的服務，必須依據FTP站台實際服務的對象而定。

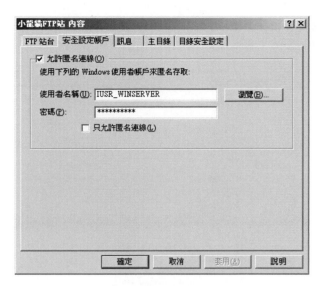

匿名連線服務的設定

在「訊息」標籤頁中，則可以讓我們輸入關於FTP站台的相關資料，這些資料會顯示在使用者登入FTP站台時，例如：橫幅顯示的訊息、登入時的歡迎訊息以及結束連線時的訊息，另外在這也可以設定當達到最大的連線數目時，所顯示的訊息，這些訊息的內容，可以依據個人的喜好或是公司的政策而定。

訊息的設定

「主目錄」標籤頁中，主要針對資源的內容來源、FTP站台的使用與存取權限以及目錄清單的樣式進行設定，如果所使用的資源位於其它的電腦，在設定目錄的路徑時，必須確定由目前的電腦能夠登入這台要提供資源的電腦，這必須考量到使用者帳

戶、網路環境以及防火牆等項目的設定,而在設定存取權限以及目錄清單樣式時,就
可以依照實際上的需求進行調整。

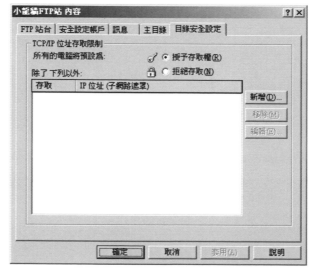

主目錄的設定

「目錄安全設定」主要是針對FTP站台的主目錄進行存取權限的設定,可以針對
特定的IP位址或是網段,分別授予或是拒絕存取的限制,這主要的是考量到檔案資料
的安全性,以避免不相干的人或是未經授權的人,擅自取得不當的檔案資料,例如:
行政部門就不需要取得研發部份的技術文件等。

目錄安全設定

◆用戶端的連線

　　完成FTP站台的設定後，並且確定正在執行的狀態時，使用者就可以利用瀏覽器、用戶端的FTP軟體進行登入的程序了，確認使用者的帳號與密碼後，就可以看到FTP站台的檔案目錄，進行存取FTP站台上的檔案資源了。

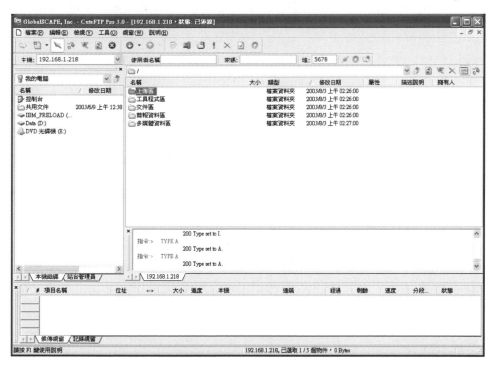

連上FTP站

　　不論是檔案伺服器或是FTP站台，都能夠透過網路環境提供檔案的資源，不過正因為網路的存在，也隱藏了許多安全上的危機，因此在伺服器上提供這些服務時，必須確實的做好相關內容的設定，尤其在安全性的防護上特別重要。

2-4　虛擬目錄

　　各項網際網路上的服務皆可自多重目錄提供，因此使用者可以為每個目錄指定通用名稱，和具有存取權限的使用者名稱與密碼，以便將目錄置於本機磁碟或共用的網路位置，而虛擬伺服器則可以有一個主目錄和其他任何數量的發送目錄，這些發送目錄皆以虛擬目錄方式處理，為了簡化用戶端所收到的URL位址，服務會以單一樹狀目錄的方式，為用戶端呈現出整個發送目錄結構，而主目錄就是這個虛擬樹狀目錄的根

目錄，而每個虛擬目錄皆視為主目錄的子目錄，因此虛擬目錄真正的子目錄也會提供給用戶端，而WWW服務可獨立支援虛擬伺服器，因此FTP和Gopher服務只能有單一主目錄，在這一節中，將深入虛擬目錄的設定與運用技巧的探討。

建立虛擬目錄

建立虛擬目錄的方式是相當容易的，只需要在想要建立虛擬目錄的資料夾中，利用新增虛擬目錄的方式，就可以輕易的完成虛擬目錄的建立。

◆虛擬目錄

在想要建立虛擬目錄的資料夾上，利用滑鼠右鍵的快捷功能表選單，利用新增虛擬目錄的方式，就可以在目前所指定的資料夾中，建立一個虛擬目錄，如果不使用快捷功能表，也可以先選擇要建立虛擬目錄的資料夾，然後利用工具列所提供的功能，同樣能夠建立虛擬目錄。

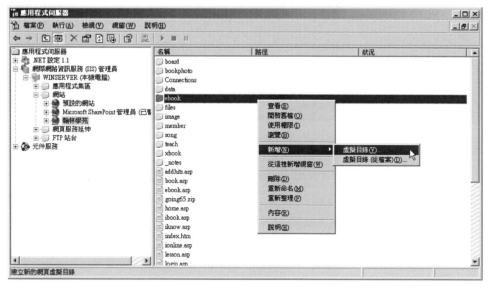

快捷功能表選單

輸入虛擬目錄的別名，這個名稱可以自訂，不一定與真正的目錄名稱一樣，不過在命名時，仍然必須依循命名的規則，一些特殊字元或是符號，不能夠出現在目錄的名稱中。

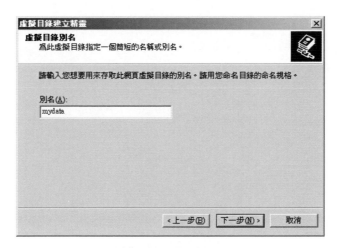

輸入虛擬目錄的別名

　　將虛擬目錄指向真正的資料夾位置，例如：D:\tools等，可以直接利用瀏覽的方式指定資料夾與路徑，這個資料夾必須是實際存在的磁碟、網路上的另一台電腦或是一個連結位址，不過在指定資料夾與路徑時，必須先確定由目前的電腦可以直接進入所指定的資料夾或是路徑，以避免造成虛擬目錄無法取得檔案資料的情況。

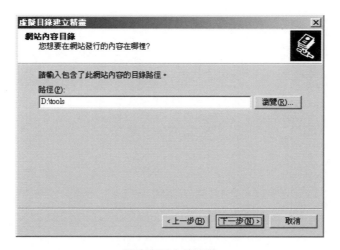

設定資料夾的路徑

　　設定虛擬目錄的存取權限，一般而言會開啟「讀取」的權限，再依照這個目錄中所提供的資料型態，以及未來應用上需要使用到的處理程序，例如：寫入資料庫等，這些處理程序必須開啟特定的權限，才能夠順利的完成，因此要提供何種權限，必須依據實際使用上的需求而定。

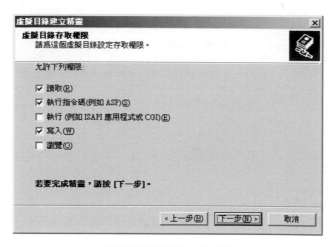

設定虛擬目錄的存取權限

　　建立好虛擬目錄後，我們可以直接在應用程式伺服器的管理畫面中，直接看到目錄中的資料，而這些資料實際上是放置在我們所指定的資料夾中，只是透過建立連結的方式，將資料顯示在虛擬目錄中，不過虛擬目錄在使用上就如同真正的目錄一樣，能夠根據所允許的權限，進行資料的讀取、寫入等處理。

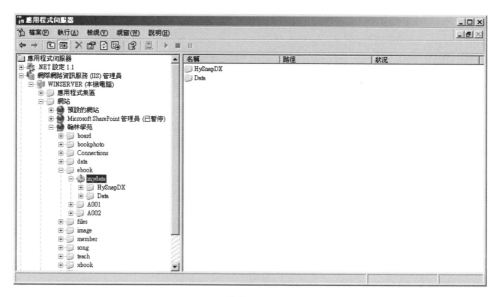

虛擬目錄

◆從檔案建立

　　可以匯入和匯出FTP站台、網頁應用程式集區及網站的設定，匯入設定檔案之前，必須從現有FTP站台、網頁應用程式集區或網站中匯出設定檔案，在IIS管理員中

匯出的設定檔案稱為「儲存設定到檔案」，匯出的設定儲存為Metabase XML設定檔案，匯出設定檔案之後，便可以將該檔案匯入相同網頁伺服器上的不同位置，或不同的網頁伺服器。

匯入檔案的設定

　　透過以設定檔案的形式匯出和匯入站台及應用程式集區，系統管理員可以快速地在伺服器之間轉移站台和應用程式集區，此功能還允許系統管理員在開發人員將應用程式儲存在設定檔案中時，匯入網頁應用程式。

選擇開啟的檔案

虛擬目錄的使用

　　虛擬目錄採用建立捷徑的方式，將位於其它位置的資料夾，連結到目前的位置，以供我們使用，在使用上就像這個被連結的資料夾，就位於目前的位置一樣，使用上

不會感到有什麼不同,一般而言會將資料庫或是需要提供給多個網站共用的資料放在同一個資料夾中,而這些網站再透過虛擬目錄的方式,與這些共用的資料建立連結,當這些資料異動時,可以同步更新這些網站,因此在管理上較為方便,而且不需要為不同的網站,建立多份相同的資料,造成磁碟空間的浪費。

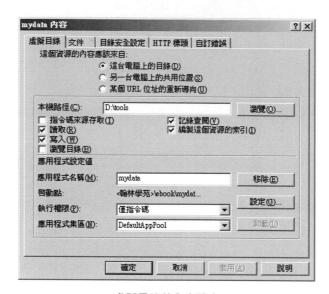

虛擬目錄的內容設定

2-5 伺服器的安全防護

　　伺服器的安全防護是相當重要的,這會影響到伺服器所提供的服務是否能夠正常運作,因此如果要確保伺服器的安全,則最好在正式上線運作之前,進行安全性的預設工作,例如:防火牆的設定,當伺服器在沒有任何防護機制下,就直接放置在網際網路中,這是相當危險的一件事,在這一節中將由伺服器的角度來看伺服器的安全防護,由使用者權限、資源共用以及網際網路連線防火牆的方式,進行伺服器安全性的提昇。

使用者權限

　　在資料夾安全性的設定中,可以依據群組或是使用者,賦予不同的使用權限,可以允許以及拒絕所設定的程序,當需要開啟目前所設定的資料夾時,就會進行使用者身份的比對,完成身份的比對後,就會依照所設定好的使用權限,提供使用者適當的使用權限,不過以管理的角度來看,建議使用群組的方式進行使用權限的設定,可以減少針對每一個使用者進行權限設定時所花費的時間。

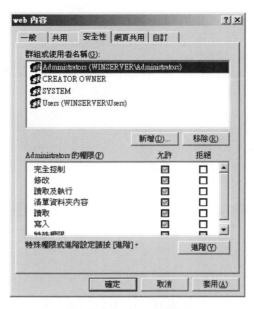

設定使用者或群組的權限

在「進階」安全性設定中，可以針對「權限」、「稽核」、「擁有者」以及「有效權限」進行編輯，也可以設定是否允許從父項繼承權限，再套用到目前所指定的物件，以及這個物件的所有的子物件，善用繼承的設定技巧，可以減少需要設定的物件數量。

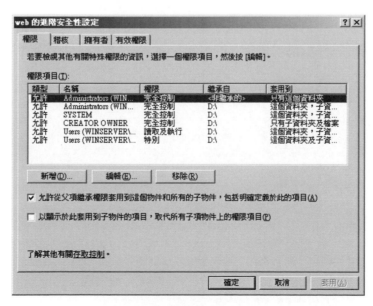

設定存取權限的內容

Windows Server 2003 技術手冊
伺服器建置篇

切換到「稽核」標籤頁，在這可以針對特定的項目進行設定，利用新增的方式，就可以建立新的稽核項目，同樣也可以利用繼承稽核項目的方式，設定目前這個物件以及子物件在稽核項目上的繼承方式。

稽核項目的設定

「擁有者」標籤頁可以設定目前這個項目的擁有者，可以由目前的擁有者清單中，確定目前擁有這個物件的使用者或是群組，不過在這也可以進行變更，加入其它的使用者或是群組，不過擁有權在設定時需要特別留意，擁有這個物件的使用者或群組，可以針對這個物件的使用，擁有較高的權限。

擁有者的設定

　　「有效權限」可以針對物件的多種控制權限進行調整，可以配合群組或使用者的名稱，再進行有效權限的調整，不過在賦予這些權限時，必須依據群組或是使用者在運作上的實際需求。

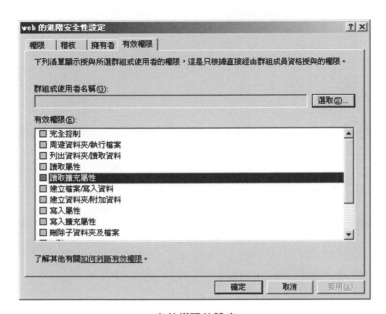

有效權限的設定

網頁共用

　　針定提供多個網站資料來源的資料夾，可以透過網頁共用的方式，提供了給多個網站同時使用，一般而言這些會提供給多個網頁共用的資料夾，大多會放置影像圖案或是資料庫的資料，透過網頁共用的方式，可以避免在磁碟中放置過多相同的資料，在管理上也較為容易，因為如果需要變更這些共同使用的檔案時，只需要變更這個提供網頁共用資料夾中的資料即可，所有共用的網頁就會同步更新。

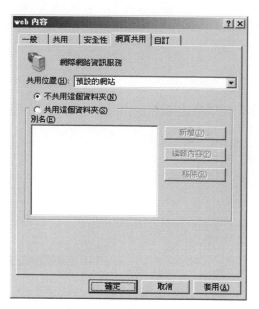

網頁共用的設定

選擇「共用位置」中所列出來的網站名稱，然後選擇「共用這個資料夾」，然後
針對所提供共用的資料夾進行設定。

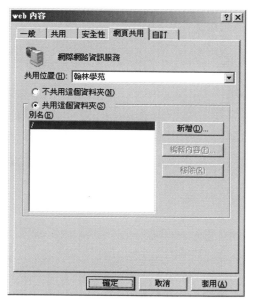

設定共用位置

　　輸入資料夾的別名，並且設定存取權限與應用程式的使用權限，在這可以根據網頁在使用這些資料上的需求，提供相符的權限即可，如果是需要提供寫入的資料時，才建議提供寫入的權限，這類型的資料大會是網站的資料來源，例如：Access資料庫等，在類似的情況下時，才需要提供寫入的權限，另外「瀏覽目錄」的功能，則建議不要使用，因此以網站所提供的服務而言，如果開啟了瀏覽目錄的功能，則在無法找到網站的主文件時，就會自動顯示網站的目錄結構，這將有可能會造成安全性上的顧慮，因此除非必要，否則不建議開啟瀏覽目錄的權限。

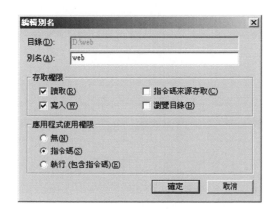

設定別名與權限

網際網路連線防火牆

　　防火牆是指一種安全防護系統，扮演著介於網路及外面世界之間的防禦性邊界，目前Windows Server 2003內建了「網際網路連線防火牆（ICF）」，這是屬於軟體的防火牆，主要可以提供使用者設定對允許從網際網路進入伺服器或是網路環境的限制，網際網路連線防火牆允許安全的網路傳輸經過防火牆，再進入伺服器或是內部的網路，提供一個受到限制的連線，可以避免大多數來自外部的網路攻擊。

　　進入「網路連線」的畫面中，在這可以看到目前已建立的連線，例如：區域網路、無線網路或是撥接式的網路，這些網路連線的方式，是依據目前電腦透過網路對外溝通的方式而定，不過以伺服器而言，大多會使用網路界面卡直接與現有的區域網路建立連線，但是可能會針對特別的需求，安裝兩塊以上的網路卡，例如：提供網路資源分享，或是建立NAT機制時。

網路連線管理

在連線內容的設定中，切換到「進階」標籤頁，就可以開啟網際網路連線防火牆的設定了，透過防火牆的設定，能夠提高伺服器本身的在提供網路服務時的安全性。

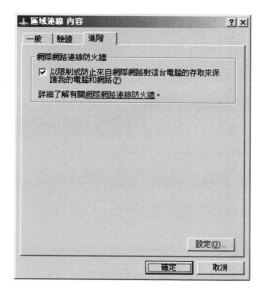

區域網路的進階設定

針對目前伺服器所能夠提供的服務項目，進行存取權限的設定，啟用的服務項目就能夠提供使用者由網際網路取得所開放的服務項目，而其它未開放的服務，就會被網際網路連線防火牆阻擋下來。

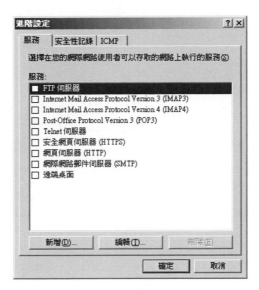

服務清單

　　針對所指定的服務，可以進一步的進行相關的設定，包括了提供服務的IP位址等項目的設定，夠提供設定的項目與服務的種類相關，而且這些服務所使用的TCP或UDP連接埠亦不相同。

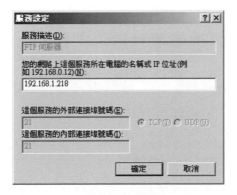

服務內容的設定

　　「安全性記錄」標籤頁中，提供了記錄選項的設定，可以選擇記錄的項目，另外也可以指定記錄檔儲存的位置與路徑，對於記錄檔的大小，預設值為4096KB，可以依實際的需求進行調整，不過如果檔案的限制太小，將會造成記錄遺失的問題，所以在設定時可以先提高大小的限制，然後再依實際的情況調整。

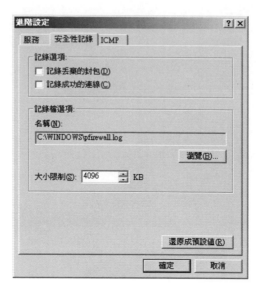

安全性記錄的設定

　　網際網路控制訊息通訊協定（ICMP）是目前網路上常用的通訊協定之一，經常應用在網路狀態的偵測，例如：ping指令，就是利用ICMP封包進行目標主機的偵測，因此在所設定的項目，主要是遠端的使用者透過ICMP進行偵測時，所要提供的資訊內容，以及是否允許進行的程序。

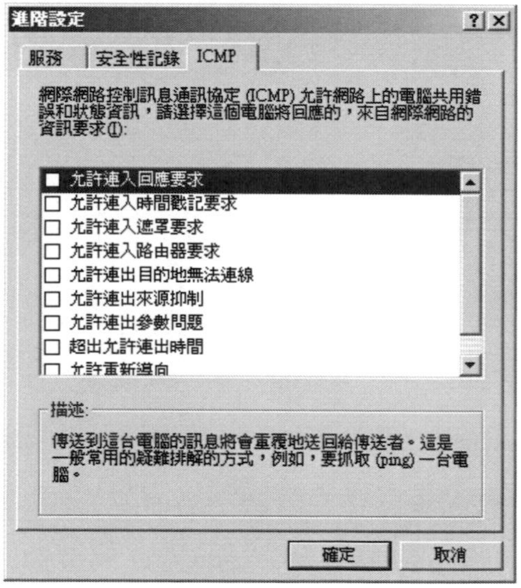

ICMP的設定

如果伺服器還提供「網際網路共用連線（ICS）」的服務，提供內部網段多台電腦存取網際網路的資源，在共用的網際網路連線上，就建議啟用網際網路連線防火牆，以提昇網路本身的安全性。另外，我們可以在任何直接連線到網際網路之電腦的網際網路連線上啟用防火牆，利用防火牆所提供的防護機制，對於ADSL、Cable或是撥接連線提供保護，不過如果建置了VPN，則不建議使用網際網路連線防火牆的功能，以避免影響VPN的運作。

網際網路連線防火牆的運作方式，主要是透過通訊界面或是連接埠的檢查，配合防火牆本身所設定的限制，防止建立未經允許的連線，所有來自網際網路的連線要求，都會與防火牆本身的規則進行比對，以確定是否可以允許建立連線；對於一般來自網際網路的攻擊嘗試，例如連接埠掃描，防火牆會丟棄從網際網路開始的通訊，則會在沒有任何訊息的情況下捨棄未經要求的通訊，而不會通知防火牆的相關活動，因為此類通知的傳送會非常頻繁以至造成混亂。不過透過建立安全性記錄的方式就可以進行追蹤，然後系統管理人員可以透過記錄檔進行相關資料的分析。

2-6　網站的進階管理

網站的建立是相當容易的，而透過應用程式伺服器所提供的界面，也能夠輕易的管理網站，在這一節中將針對網站的管理，進一步的進行介紹，除了環境的設定外，也介紹一些能夠附加網站功能或是提昇網站價值的工具。

管理現有網站

對於目前已經建立好的網站，可以透過網站內容進行各項參數的設定，有許多項目是在建立網站的過程中，沒有進行設定的項目，因此如果管理現有的網站，是一項相當重要的課題。

◆網站

網站的管理是確保網站能夠正常運作一個相當重要的關鍵，除了建立網站時一般項目的設定外，在網站內容中提供了更詳細的設定項目，能夠針對網站提供更完整的控制，在「網站」標籤頁中，我們可以進行網站識別碼、連線、啟用記錄的設定，配合相關的設定功能，能夠進一步的針對各個項目進行更細項的調整，以確定網站能夠依照預期的運作方式進行。

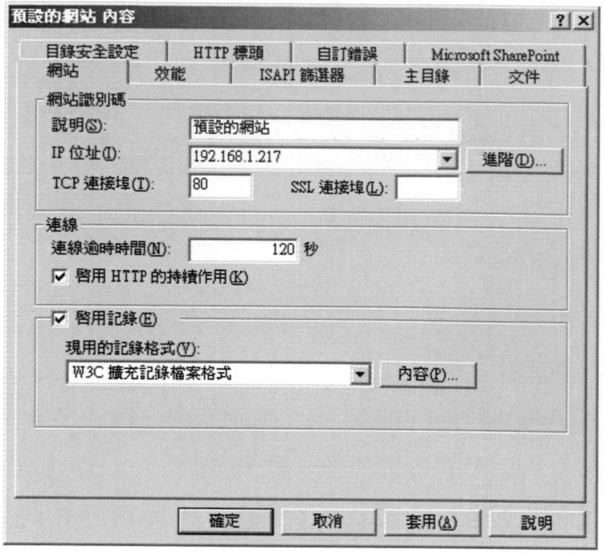

網站基本設定

　　在進階網站識別的設定中，在這顯示了目前網站使用的多重識別碼，如果想要輸入兩種以上的網站識別碼，則可以利用這裏所提供的「新增」功能，將其它的識別資料輸入，另外如果使用了SSL連接埠，也可以在這進行相關的設定工作。

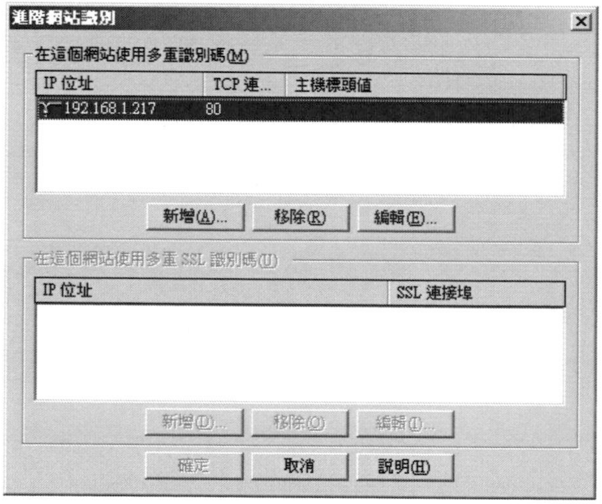

IP的進階設定

　　新增或是編輯網站識別碼時，主要是針對「IP位址」、「TCP連接埠」以及「主機標頭值」進行設定。在設定主機的標頭值時，必須將主機的名稱新增到名稱解析系統（DNS），這樣當要求到達伺服器時，IIS將使用主機名稱確定用戶端所要求的站台，這個主機名稱會在HTTP標頭中傳送，在建立識別資料時，不同的網站必須使

用不同的識別特性，因此在這三項識別特性中至少必須有一項不同的特性，另外由於
SSL憑證中含有網域名稱，因此使用憑證的站台其IP位址不可以跟其他網站相同。

新增識別碼

對於記錄的內容，可以指定新增記錄的排程，一般都是一天建立一個記錄檔，主
要可以方便管理，另外是否限制檔案的大小以及所使用的記錄檔目錄，就必須依據伺
服器目前的狀況以及系統管理人員的考量而定。

記錄檔名稱：   W3SVC1\exyymmdd.log

一般選項

在進階記錄內容的設定中，可以針對擴充記錄的選項進行勾選，這些勾選的記錄
選項，在產生網站的記錄時，會一併將相關的資訊，新增到記錄檔中，不過在選擇這
些記錄項目時，只需要選擇想要得到的內容即可，因為過多而不需要的項目，將會造
成記錄檔案的大小增加，也影響分析資料的速度。

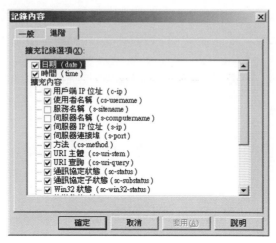

進階選項

◆效能

在「效能」標籤頁中，提供了「頻寬節流設定」以及「網站連線」兩個項目的設定，前者可以限制網站所提供的網路頻寬，不過網站所使用的頻寬太少，在同一台伺服器所架設的網站太多，而使用的人數也太多時，才需要進行網路頻寬的限制，而網站連線的數量，則可以限制能夠同時使用的人數，這也必須在人數達到一定水準時，才需要考慮是否進行限制，因此絕大多數的情況下，都不會啟用這兩項功能，頻寬節流設定使用「封包排程器」來管理傳送資料封包的時間，當使用「IIS管理員」設定站台要使用的頻寬節流設定時，將自動安裝「封包排程器」，而IIS會自動將頻寬節流設定為1024位元組/秒的最小值，如果所使用的是其他方法，例如：Active Directory服務介面（ADSI）或Windows Management Instrumentation（WMI），則必須安裝「封包排程器」才能使頻寬節流設定正確地運作。

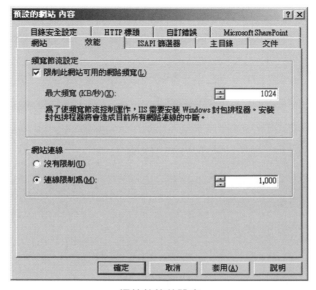

網站效能的設定

◆ISAPI篩選器

　　ISAPI篩選器是一個在處理HTTP要求的期間回應事件的程式，在這列出每個篩選器的狀態（可以啟用或停用）、檔案名稱以及載入記憶體的優先等級，我們只能變更具相同優先等級之篩選器的執行順序。

ISAPI篩選器的設定

◆主目錄

　　設定本機或網路路徑允許將要求導向至正確的實體位置，可以透過設定使用者存取權限、選擇是否記錄這些資源的要求，以及選擇是否使用「索引服務」編製站台的索引，來設定實體位置，如果在收到使用者的要求時指定，必須識別、找出、及提供適當的執行權限和保護給應用程式。

主目錄的設定

按下「瀏覽」按鈕，就可以直接指定想要網站的主目錄，另外也可以在這建立新的資料夾，爾後再將網站的檔案加入，這樣的方式亦可。

瀏覽資料夾

按下應用程式設定值中的「設定」按鈕，就可以進行應用程式的設定，主要是針對使用快取處理的ISAPI擴充程式，根據副檔名來決定檔案的屬性，選擇執行檔案路徑以及使用的指令動詞，這些設定值除非你相當清楚每一個執行檔與指令動詞的設定，否則不建議任意變更這些設定值，因為有可能會造成網站無法正常運作。

副檔名對應的設定

　　將檔案的副檔名對應至處理這些檔案的程式或解譯器，所對應的應用程式包括「動態伺服器網頁（ASP）」應用程式、「網際網路資料庫連接器（IDC）」應用程式、以及使用伺服器端引入（SSI）指示詞的檔案，例如：當網頁伺服器接收到用戶端要求傳回的網頁其副檔名是.asp時，伺服器會使用應用程式對應來判定應該呼叫執行檔 asp.dll 來處理該頁面。

編輯現有的對應資料

　　系統可將Internet Sever API DLL（ISAPI）載入並放在記憶體中，以後要處理用戶端的要求時，就不必再重新呼叫這個應用程式，利用快取處理的技術，對大部分ISAPI應用程式而言都有助益，只有在特殊狀況下，例如：要對ISAPI應用程式進行偵錯時，才應該清除這個核取方塊，如果同一個ISAPI應用程式已經被伺服器中一個以上的網站載入並放在記憶體內，那麼即使清除伺服器的這個選項，系統也不會將這個應用程式自記憶體中拿掉，因此必須把使用ISAPI應用程式之所有網站的此選項全部清除，清除此選項不會卸載正在執行的應用程式。

設定應用程式副檔案的對應

「網際網路資訊服務（IIS）」會依據網站上要求資源的檔案副檔名，來決定由哪一個ISAPI或CGI程式來執行，以處理這個要求，例如，如果被要求的檔案副檔名是.asp，那麼網頁伺服器便會呼叫ASP程式（asp.dll）來處理這項要求，將檔案的副檔名和ISAPI或CGI程式關聯在一起，就稱為應用程式對應。在IIS中已經預先將一些常用的應用程式做好對應，以減少系統管理人員的負荷。

在「選項」標籤頁的設定中，可以針對應用程式的工作狀態進行調校，包括了工作階段的等候逾時、緩衝處理、上層路徑以及所預設的ASP語系，這些項目可以依據網站運作時所需要的環境而定。

選項的設定

「偵錯」標籤頁，提供了偵錯旗標以及指令碼錯的錯誤訊息設定，一般而言如果ASP程式在執行時並沒有任何的錯誤，則建議不啟用偵錯的模式，但是可以選擇如果指令碼發生錯誤時，所要傳送給用戶端的資訊。

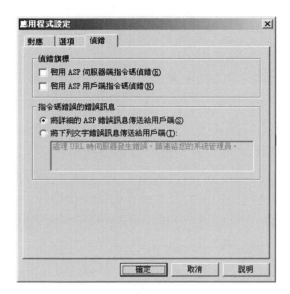

偵錯的設定

◆文件

啟用後預設內容頁後，只要瀏覽器要求沒有指定文件名稱，就會將預設文件提供給瀏覽器，預設文件可以是目錄的首頁或包含網站文件目錄清單的索引網頁，可以依照由上至下的搜尋順序列出多個文件，所顯示的檔案位於站台的主目錄，順序可以使用「上移」和「下移」的按鈕來進行變更，而文件頁尾的功能，則可以在開啟完網頁的內容後，自動將指定的文件頁尾加入。

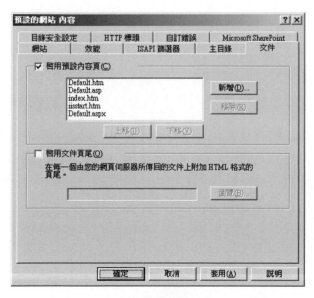

文件的設定

◆目錄安全設定

在「目錄安全設定」標籤頁中，提供了「驗證及存取控制」、「IP位址及網域名稱限制」以及「安全通訊」三個主要的項目，「驗證及存取控制」主要是允許設定網頁伺服器在授予存取受限制的內容之前，先確認使用者的身分識別，在網頁伺服器可以驗證使用者之前，必須先建立有效的Windows使用者帳戶，然後為這些帳戶設定NTFS目錄及檔案使用權限；「IP位址及網域名稱限制」，可以指定或拒絕特定使用者、電腦、電腦群組、存取此網站的網域，或以IP位址或網域名稱為基礎的檔案；「安全通訊」可以透過啟用伺服器憑證及憑證對應，提供確保用戶端和網頁伺服器之間的安全通訊方法，啟用Windows目錄服務對應來執行安全通訊，Windows目錄服務對應允許我們使用「目錄服務」用戶端憑證對應，而不是一對一或多對一的對應，不過如果要啟用目錄服務對應，則伺服器本身必須是Windows Server 2003網域的成員。

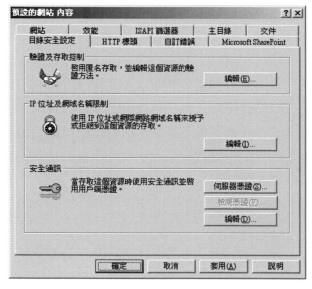

目錄安全設定

「匿名存取」允許使用者建立匿名連線，使用者以匿名或來賓帳戶登入，IIS以匿名或來賓帳戶登入使用者，伺服器會建立並使用 IUSR_computername。在驗證使用者的身分識別方面，我們可以驗證個人或選取使用者群組，以防止未經授權的使用者建立對限制內容的網頁（HTTP）連線。

目前有四種「驗證的存取」方法：

◆ 「Windows 整合式驗證」：使用與使用者網頁瀏覽器的加密交換來確定使用者的身分識別。

◆ 「摘要式驗證」：只用於Active Directory帳戶，它透過網路傳送雜湊值，而不是純文字密碼，透過Proxy伺服器和其他防火牆運作，並且可以在Web Distributed Authoring and Versioning（WebDAV）目錄上使用。

◆ 「基本驗證」：透過網路傳送純文字或未加密格式的密碼。

◆ 「.NET Passport驗證」：是一種網頁驗證服務。

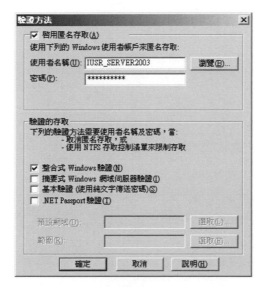

編輯驗證方法

在「IP位址及網域名稱限制」的設定中，我們可以授權或拒絕使用者存取網站、目錄或檔案，利用新增、程除、編輯的功能進行管理的工作。

IP位址及網域名稱限制的設定

在設定授予或是拒絕存取時，可以選擇三種不同的類型，分別是「單一電腦」、「電腦群組」以及「網域名稱」，當我們選擇了不同的類型，所提供的輸入資料欄位將會配合變更，接著再輸入相關的資料即可。

設定IP位址或網域名稱

利用IIS伺服器憑證精靈，可以建立一個介於伺服器與用戶端之間的憑證，在這可以依循憑證精靈的引導，建立所需要的憑證，在伺服器憑證的程序中，我們可以由所提供的方法選擇適用於目前這個網站的方法。

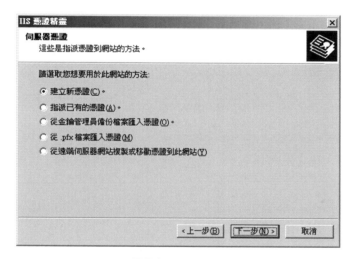

選擇伺服器的憑證

完成每一個步驟後，就可以進入最後確認的畫面，在這可以看到先前所輸入的資訊，如果選擇建立新的憑證，則會依據所設定的內容建立檔案，如果對於所輸入的資訊仍然想要變更，可以再回到先前的程序重新設定即可。

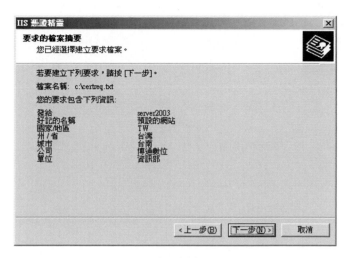

確認資料

在「安全通訊」的項目中，我們可以選擇安全通訊的方式，例如：是否必須使用安全通道（SSL）或是使用用戶憑證、用戶端憑證對應以及憑證信任清單，這些項目可以依據網站實際的情況來決定，一般如果未建立憑證，則可以略過憑證的檢驗。

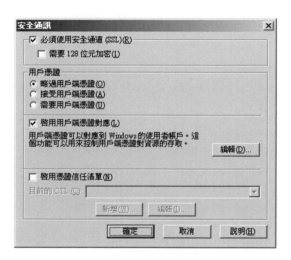

安全通訊的設定

◆HTTP標頭

「HTTP標題」標籤頁，提供了「啟用內容的到期限制」、「自訂HTTP標頭」、「內容分級」以及「MIME類型」的設定，「啟用內容的到期限制」可設定擁有時效性的資料，瀏覽器會比較目前的日期與到期的日期，以決定是否顯示快取處理的網頁，或向伺服器要求更新的網頁資料；「自訂HTTP標頭」則可以使用此屬性將自訂的HTTP標頭從網頁伺服器傳送至用戶端瀏覽器；而「內容分級」的功能，能夠在網

頁的HTTP標題中嵌入說明標籤，可以偵測內容分級以幫助使用者識別可能令人不愉快或不恰當的網頁內容；最後「MIME類型」可以針對用戶端的各種檔案類型進行設定，MIME是「多用途網際網路郵件延伸標準」。

HTTP標頭的設定

網頁伺服器的Platform for Internet Content Selection（PICS）系統使用Internet Content Rating Association（ICRA）所發展的分級系統，該系統將內容根據暴力、裸露、性、以及攻擊性言詞的等級進行分級，ICRA的網址為http://www.icra.org。

內容分級設定

◆自訂錯誤

在「自訂錯誤」標籤頁中，系統管理人員可以在網頁伺服器發生錯誤時，自訂傳送至用戶端的HTTP錯誤，可以使用一般預設的HTTP 1.1錯誤、IIS提供的詳細自訂錯誤檔案或建立自己的自訂錯誤檔案。

自訂錯誤

◆伺服器擴充程式

如果是自己建立的網站，而要使用伺服器擴充程式的功能時，則必須先進行伺服器的設定，利用擴充程式可以提供更多的功能，以提供網站使用，主要可以縮短開發的時間以及網站功能上的增強。

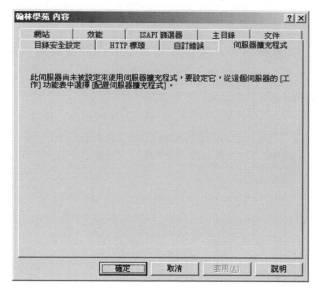

伺服器擴充程式

由應用程式伺服器中的「執行」功能表選單，就可以進行擴充程式的配置，接著將會開啟瀏覽器，並且開啟設定的擴充虛擬伺服器的設定畫面。

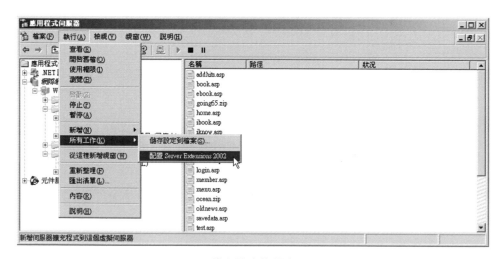

進行設定的程序

在進入設定的畫面之前，必須完成使用者的登入程序，登入的使用者必須是Administrator群組的成員，以確定能夠針對系統環境進行調校，進入擴充虛擬伺服器的程序後，依循畫面上的步驟與說明，輸入相關的資料，就可以快速的針對網站提供擴充程式的環境。

◆Microsoft SharePoint

　　因為在安裝應用程式伺服器時，選擇了使用FrontPage的延伸服務，因此將會一併安裝SharePoint的服務，能夠透過網站平台提供資訊交流的整合平台。

Microsoft SharePoint的說明

　　輸入使用者帳號與密碼，完成登入的程序後，就可以進入SharePoint的設定網頁，在這可以進行啟用製作、郵件設定以及效能調整，輸入相關的資料後，日後就可以依照目前所設定的參數進行運作。

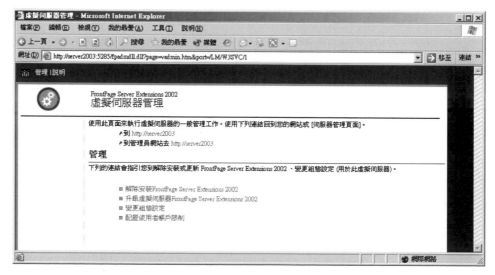

變更組態設定

　　虛擬伺服器的管理界面，採用Web-Based，可以直接透過瀏覽器進行環境的設定，在完成設定後可以立即開啟網頁以確定所設定的項目是否發揮作用，在管理的功能中，提供了「解除」、「升級」、「變更」以及「配置」等四個主要的功能，能夠讓我們對於虛擬伺服器的運作完全掌控。

管理畫面

Microsoft SharePoint 管理員

　　Microsoft SharePoint管理員，通訊埠為5285，是在安裝應用程式伺服器時，選用延伸服務時就會自動建立的網站，除了所使用的TCP連接埠不是標準的80外，其餘的設定與一般網站的設定一樣，在此就不再贅述了，請參閱前面內容的介紹。

Microsoft SharePoint管理員網站的內容

網站的啟用與停止

　　網站的啟用、停止運作等功能，可以直接利用滑鼠右鍵的快捷功能表選單，或是直接利用工具列上的功能進行，當一個網站不再提供服務時，就可以利用「停止」的功能，將網站的服務停止，停止後就會關閉TCP連接埠，並且不再提供網頁的內容，除非網站的內容完全變更時或是確定不再使用時，再將該網站移除，否則皆建議停止不再提供服務的網站即可。

快捷功能表選單

在左方的管理清單中，就可以看到目前每一個網站的運作情況，括號內所顯示的
訊息，就是目前該網站的運作情況，可能是「已停止」或是「已暫停」，如果網站名
稱後沒有任何的文字，則表示該網站目前正在運作中。

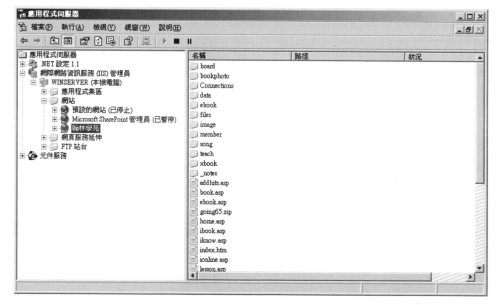

網站的狀態

　　應用程式伺服器掌管了伺服器提供網站、檔案、應用程式服務的資源，在提供的管理介面中，需要設定與維護的項目相當多，對於系統管理人員而言，確實的熟悉應用程式伺服器，是一件相當重要的事，而應用程式伺服器也不再是以往版本中的IIS管理員，而是一個全方位的應用程式管理員，整合了網路平台以及系統開發的資源。

Memo

Chapter 3

應用程式服務

3-1　ASP與ASP.Net

　　ASP與ASP.Net都是Windows環境中的開發工具，以ASP.Net而言更能夠與Visual Studio.Net開發工具相結合，可以加快開發網站應用程式的時間，而應用程式伺服器是含多種技術的組合，包括「網際網路資訊服務（IIS）」以及ASP.NET的開發環境，而ASP.NET是.NET Framework的一部份，能夠提供網站程式開發人員建置網頁時所需要的所有服務與環境。

　　ASP.NET是一個單一的網頁開發平台，雖然ASP.NET大部分的語法都與ASP相容，而ASP所開發的網頁程式也可以在Windows Server 2003中運作，但是所能夠使用的功能將會受到限制，因為ASP.NET提供了一個新的程式設計模型及基礎結構，完全與.NET Framework整合，能夠開發出更具有安全性、延展性及穩定性的應用程式，這是原先使用ASP開發時所無法提供的資源，因此在進行網頁程式的開發時，建議使用ASP.NET為開發的工具。

　　ASP.NET所提供的環境，可以使用與.NET相容的任何一個語言來開發網頁程式，而不需要學習特定的語法，目前能夠相容的語言包括了Visual Basic .NET、C#以及JScript .NET，而.NET Framework所能夠提供的環境，都可以直接應用在ASP.NET所開發出來的應用程式。

　　而ASP為了增強安全性及效能，與以往的版本相較，已進行了多項改善以及功能的增強，這些改良包括了UTF-8的支援、通用命名慣例（UNC）增強功能、在ASP 中提供的COM+服務、ASP當機偵測、改良的POST支援、常用檔案的快取、apartment-model threading的選項、並排組合、COM+磁碟分割、COM+追蹤器、交易，以及ASP的新metabase內容。

3-2　開發環境的建置

　　在建置整體的開發環境時，必須先完成應用程式伺服器的安裝，以提供相關的資源，其中如果會使用到網頁服務延伸的功能，則在安裝應用程式伺服器時，就必須安裝到伺服器中，相關的安裝方式請參閱應用程式伺服器一章，IIS能夠提供網頁應用程式基本的環境，提供外界的使用者可以透過網站的方式，取得我們所發佈的資料，或是連上我們所開發好的應用程式。

應用程式伺服器

　　不過以伺服器所扮演的角色來看，並不建議直接在伺服器上進行網頁程式開發，因為這需要進行開發工具的安裝，所以在開發環境的建置上，以提供能夠配合ASP.NET所開發出來的應用程式運作為主，再透過IIS提供對外的服務。

　　開發環境的建置，必須考慮到伺服器本身的運作環境，以確保所開發出來的程式，能夠順利的在伺服器上運作，因為大多數的程式開發人員，在建置開發的環境時，大多會安裝所需要的函式庫，並且將作業環境調整成開發所需的環境，因此當完成程式的開發後，上載至伺服器進行測試時，如果未考慮到伺服器所能夠提供的環境時，則大多會發生因為缺乏程式所需要的環境，而造成無法順利執行的情況。

3-3　資料庫與應用程式

　　目前網站應用程式的開發，很少不會搭配資料庫，因此Windows Server 2003能夠提供基本的資料庫連接服務，對於小型的資料庫或是較不重視資料庫效能的應用程式而言，可以直接透過ODBC提供資料庫的來源，不過如果是企業網站或是需要提供進行大量資料查詢的應用程式，則必須再搭配其它的資料庫使用，例如：SQL Server。

ODBC

ODBC資料來源管理員，可以為應用程式以及資料庫建立關係，在設定畫面中，提供了「使用者資料來源名稱」、「系統資料來源名稱」以及「檔案資料來源名稱」的設定，只要目前的系統有資料庫的驅動程式，就可以輕易的透過ODBC與所開發的應用程式提供所需要的資料庫。

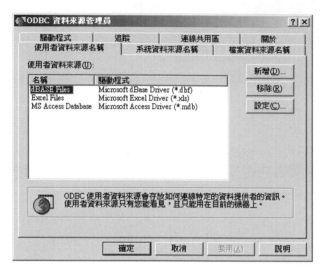

使用者資料來源名稱

目前ODBC能夠支援相當多的資料來源，涵蓋了常見的資料庫類型，而且也內建這些資料來源的驅動程式，因此只要確定所使用的資料庫類型，就可以透過資料來源的建立，直接提供給應用程式或是網站使用。

資料來源

提供了「追蹤」的功能，能夠提供對目前已建立ODBC的資料來源使用情況進行追蹤，另外針對使用Visual Studio開發的應用程式，可以啟用專屬的追蹤分析功能，針對Visual Studio的ODBC進行追蹤，追蹤的結果可以記錄到檔案中。

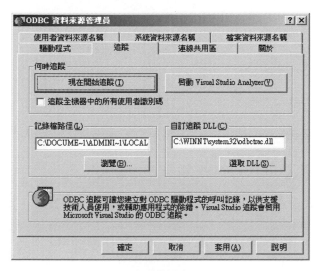

追蹤的設定

另外在「連線共用區」中，則可以允許應用程式重新啟動連線控制碼，以節省來回到伺服器的時間，另外也可以選擇是否要啟用效能的監視功能，以及設定嘗試等待的時間。

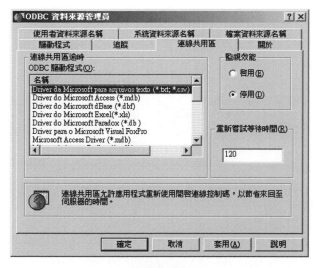

連線共用區

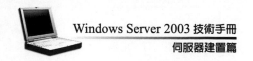
資料庫與應用程式是息息相關的,而且目前大多數的程式,都會與資料庫扯上關係,因此確定應用程式與資料庫能夠整合,而且能夠順利的存取資料庫中的資料,這對於應用程式而言是相當重要的。

Chapter 4

終端機服務

4-1 認識終端機服務

　　終端機服務主要是提供一個使用Windows的管道，因為透過終端機服務，可以讓使用者在不同的作業系統中，透過終端機用戶端的程式，就可以連上Windows Server 2003所提供的終端機服務，進行作業系統的操作以及應用程式的執行，而Windows Server 2003採用Windows 2000 Server的終端機服務為基礎，進一步的提供更完善的操作方式與使用者界面。

　　雖然目前有許多遠端遙控的軟體可以提供使用者類似的服務，不過所傳送的畫面品質，仍然無法像終端機服務一樣，如果所使用的頻寬不足，甚至會發生無法取得即時畫面變更的現象，因此如果以系統管理的角度來看，仍然建議直接使用終端機服務來進行遠端桌面的管理工作。

　　當不同的使用者同時使用終端機伺服器上的應用程式時，應用程式的實際執行工作是在伺服器上執行，而網路上只會傳輸鍵盤、滑鼠和顯示畫面的資訊，因此每一個使用者只會看到個別執行的程式，透過伺服器作業系統的管理，能夠讓每一個使用者所執行的應用程式都是獨立運作的，彼此之間並不會受到干擾。

連線遠端桌面的畫面

終端機伺服器最少需要128 MB的記憶體再加上每一位使用者連線時所需要使用的記憶體，這樣才能夠支援伺服器上每一位使用者所執行的程式，通常一次只執行一個程式的初階使用者，建議另加10 MB的記憶體，對通常一次執行三個或更多程式的進階使用者，則建議最多另加21 MB的記憶體，不過如果預計在目前的終端機伺服器上安裝16位元的應用程式，則必須再提供額外的記憶體，因為執行16位元的應用程式時，就如同直接在伺服器上執行一樣，需要使用到額外的記憶體資源，因此在硬體的需求上，必須針對預計提供服務的使用者數量，可能會開啟的應用程式數目做個分析，以確定目前系統所提供的記憶體空間是否足夠。

配合Internet Explorer 增強的安全性組態設定，可以進一步的與系統的安全性整合在一起，啟動這些增強的安全性組態設定，Internet Explorer會套用以下安全性設定到以系統管理員身分登入的使用者：

◆ 高度安全性設定（網際網路及近端內部網路安全性區域）
◆ 中度安全性設定（信任的網站區域）

藉著套用高度安全性設定到網際網路及近端內部網路安全性區域，將停用區域中HTML 內容的指令檔ActiveX控制以及Virtual Machine（Microsoft VM），也能夠防止使用者在區域中下載檔案，如果使用中度安全性到信任的網站區域，則可以設定標準的瀏覽功能，使用站台來執行系統管理員在套用這些設定之前，將無法存取的系統管理工作及網頁型應用程式，可以將站台位址新增到信任站台區域的站台清單中，將系統本身的安全性做個完整的考量。

功能優點

終端機服務對於系統管理人而言是相當方便的，可以快速的進行應用程式部署，當應用程式有更新時，可以直接利用終端機服務進行相關的更新作業，而不需要花費時間在往返的奔波上，因此對於企業內部而言，可以提昇系統管理上的效率，整體而言可以歸類出以下幾項優點，這可以做為是否進行導入終端機服務規劃時的參考：

◆遠端桌面管理

利用遠端桌面連線的功能，可以快速的維護遠端的作業環境，透過用戶端的連線程式，就能夠直接管理提供遠端桌面管理服務的電腦，登入系統後就能夠執行各種不同的程序，進行系統的管理工作。

◆應用程式快速部署

對於分散在各地的設備，利用遠端管理的方式，透過網路就可以連線到遠端電

腦，登入系統後就可以開始進行應用程式的安裝與管理工作，對於企業內部而言，可以快速的佈署所需要安裝的應用程式，利用這樣的方式，可以縮短人員往返的時間，而且可以讓系統管理人員檢核使用者電腦上的程式版本，以確定目前的狀況。

◆隨處可用

透過終端機伺服器所提供的服務，能夠讓使用者隨時利用用戶端的程式來建立連線，這並不局限在特定的作業系統或是作業環境中，終端機伺服器讓您能隨處使用Windows，使用者可以使用Pocket PC這類的裝置，只要具備連上網路的能力，一樣能夠透過網路進行遠端桌面的連線。

◆低頻寬需求

利用資料壓縮的處理技術，在使用者建在遠端桌面連線後，使用較低的頻寬就可以進行遠端桌面的傳送，在所傳送的資料中，只包括了遠端伺服器的畫面，而不是資料本身，因此只需要較低的頻寬，就可以滿足實際上的需求，因為頻寬需求的降低，相對的使用者只需要在撥接網路或是網際網路中，就能夠達到與終端機伺服器處於同一區域網路時的畫面品質。

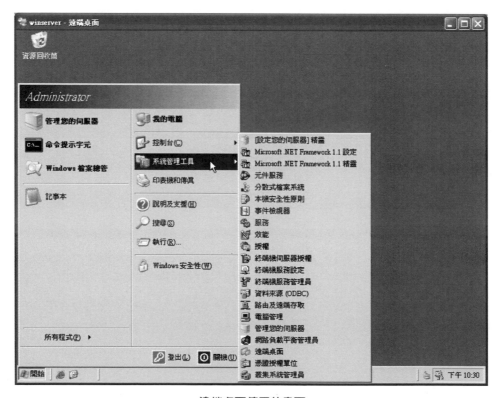

遠端桌面傳回的畫面

功能介紹

以前Windows Server就已經提供了終端機的服務，不過為了提昇所具備的功能，以及符合目前網路環境的需求，在Windows Server 2003中做了一些改良，不過仍然是以Windows 2000 Server為發展的基礎，以提供更好的使用者界面與環境，在使用的過程中能夠提供更好的畫面品質。

◆延展性的增強

能夠隨著企業規劃的擴充，延伸服務的範圍，可能支援更多的使用者，在Windows Server 2003企業版中的工作階段目錄，能夠支援網路負載平衡或是其它廠商所提供的負載平衡技術，這對於規模龐大的環境而言，能夠在擴充服務的使用者時，也不會影響到原先的服務品質。

◆管理能力的改善

經由充份授權的WMI提供者，能夠提供完整的權限，具備讀寫的能力，因此對於提供遠端管理的環境時，可以針對不同的使用者，透過群組帳號的管理，以提供適當的管理能力。

◆提高色彩的支援與解析度

以往的版本只能夠提供256色的色彩支援，不過這無法符合實際使用上的需求，為了提供色彩的支援與解析度，只要搭配RDP 5.1，色彩深度的範圍可以從256色（8位元）到真實色彩（24位元），解析度範圍則可以從640x480到1600x1200。

◆增強應用程式的支援

在Windows Server 2003所提供的環境中，在應用程式的支援上，比起以往的版本增強了不少，也減少對於軟體使用上的限制，善用一些例如：軟體限制原則、增強的漫遊設定檔和新的應用程式相容模式，與作業系統做完整的結合。

◆操作容易

「遠端桌面連結（終端機服務用戶端）」是一個RDP 5.1的用戶端程式，充份改進以往舊版本的使用者介面，能夠讓使用者儲存連結的設定、輕易的在視窗和全螢幕的模式下切換、並且配合對應的頻寬大幅的改變使用者遠端操作的經驗，也提昇了進行遠端桌面管理上的便利性。

◆增強遠端桌面協定（RDP）

　　當利用一個RDP 5.1用戶端的程式連結到終端機伺服器時，許多本機的資源都可以在遠端執行階段中直接使用，包括了用戶端檔案系統、智慧卡、音訊（輸出）、序列連接埠、印表機（包括網路印表機）以及剪貼簿，透過這些可重新導向的設備，讓使用者能夠輕易的在遠端執行階段中善用他們用戶端端裝置的能力，在使用遠端桌面時更加的便利，在操作的過程中，不需要特別的考慮目前的應用程式是在本機或是遠端執行。

設定遠端桌面的系統裝置

終端機伺服器的安裝

　　想要在目前的系統中加入終端機的服務，有以下兩種方式，分別是直接透過「設定您的伺服器」精靈以及直接新增Windows元件，都能夠完成終端機伺服器的安裝程序。

◆由「設定您的伺服器」精靈進行設定

　　由伺服器管理員中，啟動設定您的伺服器精靈，首先將會進入「預備步驟」，在

這有幾項需要事先確認的事項，可以參考畫面上的說明，先確定所有的預備步驟都已經完成了，才能夠繼續後續的步驟與正確的完成安裝程序。

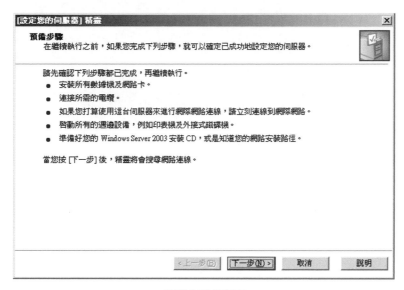

預備步驟的程序

接著安裝精靈會透過網路進行分析，以確定目前網路上能夠被偵測出來的伺服器，以及確定目前網路上正在提供的服務項目，這將會影響後續系統環境的設定，依據網路規模的大小，以及系統本身的效能，將會花費一些時間進行環境的偵測。

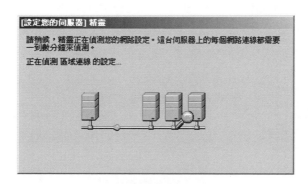

正在偵測區域連線的設定

「設定選項」，主要是讓使用者選擇目前安裝的模式，這必須根據預備進行安裝的伺服器，是否為目前網路環境中的第一台伺服器，當然也可以使用「自訂設定」的模式，直接選擇想要安裝的伺服器項目，如果以第二台伺服器的一般設定進行安裝，則會自動安裝一些預設的伺服器，例如：Active Directory目錄服務、網路控制站、DNS等，因此大多數的情況下，都會選擇「自訂設定」的方式進行伺服器的安裝程序。

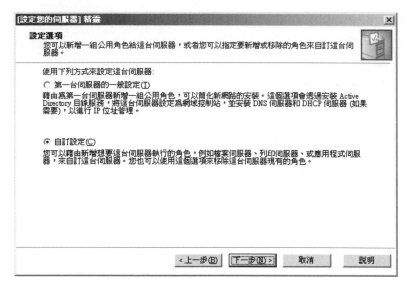

選擇伺服器的設定方式

以下為「自訂設定」的模式進行介紹，接著必須選擇「伺服器角色」，在這裡的清單中，提供了目前Windows Server 2003所能夠提供的服務，以及伺服器能夠扮演的角色，另外在這也可以直接瞭解目前各種不同伺服器的設定情況，只需要直接選擇「終端機伺服器」的選項，即可繼續進行下一個設定的步驟。

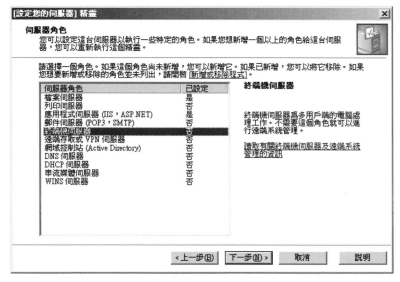

選擇安裝終端機伺服器

接著將會顯示目前預備進行安裝的伺服器，因為只有選擇安裝終端機伺服器，所目前在預備進行安裝的伺服器清單中，只有「安裝終端機伺服器」一項，當然如果想要同時安裝多種不同的伺服器，也可以在前一個步驟中直接選擇。

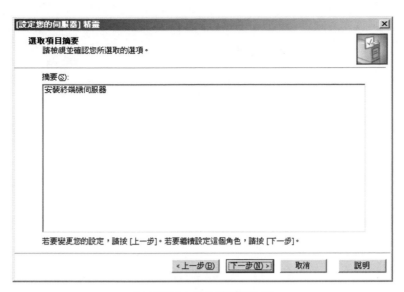

檢視預備安裝的伺服器清單

　　接著安裝精靈將會分析預備安裝的伺服器,如果某些伺服器需要重新啟動電腦,才能夠正常運作的話,將會提出警告,提醒使用者在進行安裝之前,先將目前已開啟的檔案或是應用程式關閉,以避免造成資料損毀的情況,以安裝終端機伺服器而言,就必須進行重新啟動的程序,因此必須將目前已開啟的檔案與應用程式關閉。

重新啟動電腦的提示

　　接著將會進行相當檔案的複製,在複製檔案之前,必須先準備好Windows Server 2003的原版光碟,以提供安裝精靈取得所需要的檔案,設定元件的過程中,我們可以從畫面上看到目前處理的進度。

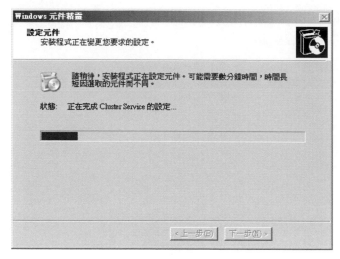

正在複製檔案

　　稍待一會，整個檔案的複製程序，以及系統環境的設定就完成了，最後將會顯示完成安裝的畫面，並且提供相關訊息，以協助使用者瞭解目前已完成安裝的伺服器，在整個設定的過程中是相當簡單的，並不需要進行太多的調校，安裝精靈就能夠自動完成檔案複製以及系統環境設定的程序。

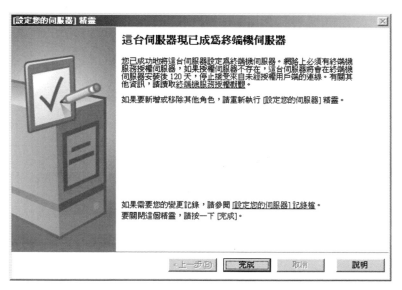

完成終端機伺服器的安裝

　　回到「管理您的伺服器」畫面，在這我們可以看到剛剛所安裝的「終端機伺服器」已經整合到同一個控制的畫面中，往後也可以直接在這進行相關的環境設定，以及相關的線上說明文件，這對於使用者在使用Windows Server 2003時可以簡化學習的過程與時間，不需要因為要管理不同的伺服器，就得學習不同的使用者介面。

管理您的伺服器

◆新增Windows元件

　　利用「控制台」中的「新增/移除程式」，也能夠進行終端機伺服器的安裝，進入新增/移除程式的畫面中，切換到「新增/移除Windows元件」的項目，就會自動啟動Windows元件精靈，在這就能夠直接進行Windows元件的新增與移除的程序，在元件的清單中，找到「Terminal Server」，這就是終端機伺服器的元件。

選擇安裝的元件

因為Windows Server 2003將Internet Explorer預設使用高安全性的增強式安全性設定，因此如果仍然使用目前的安全性設定，將會影響到終端機伺服器提供遠端連線時，所能夠提供給使用者在瀏覽網際網路的能力，因此在安裝終端機伺服器時，必須針對實際的使用情況，考慮是否調整安全等級的設定。

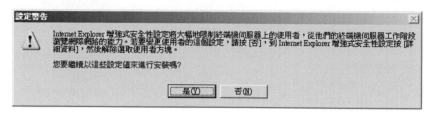

設定警告的訊息

接著將會顯示一些與安裝終端機伺服器相關的訊息，包括使用者的連線、伺服器的安裝與伺服器的管理的資料，而且也提醒必須安裝執行終端機伺服器授權的伺服器，關於終端機伺服器授權的設定，可以參考後續的章節，將會有深入的介紹，如果未進行授權伺服器的建置，則終端機伺服器的服務，只能夠從安裝時間開始計算，提供120天的連線服務。

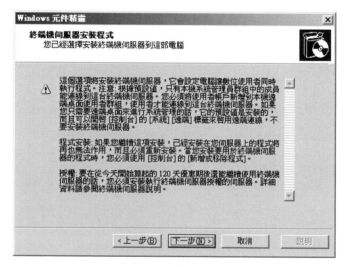

終端機伺服器相關的資訊

在終端機伺服器安裝程式中，提供了「完整安全性」以及「寬鬆安全性」兩種不同的模式可供選擇，在完整的安全性設定中，能夠為終端機伺服器提供一個最安全的環境，不過這樣的環境並無法完全相容於先前一些針對舊版Windows所計的應用程式，雖然提高了安全性，但卻可能造成應用程式無法正常的運作，因此在如果想要使

用「完整安全性」的模式，必須先確定所預備使用的應用程式，仍能夠在所設定的安全性等級執行，一般而言，除非確定所要執行的應用程式無法在完整安全性的環境中執行，才選擇「寬鬆安全性」的選項。

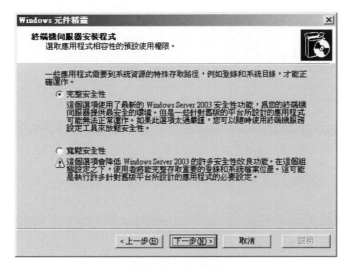

選取應用程式相容性的預設使用權限

接著將會進入檔案的複製以及系統環境的設定，在這個步驟需要花費一些時間，從目前的畫面上，可以瞭解正在進行的程序以及目前處理的狀態。

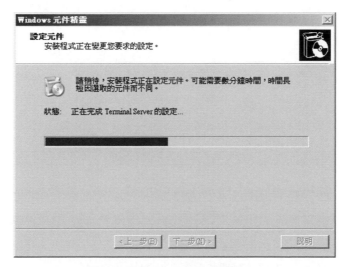

正在進行系統環境的設定

完成檔案的複製以及環境的設定後，就會出現完成Windows元件精靈的畫面，這就表示整個安裝與設定Windows元件的程序已經處理完成，並且成功的將所選擇的元件整合到作業系統中。

完成Windows元件精靈

因為終端機伺服器的功能，必須重新啟動電腦才能夠發揮功能，因此與先前所介紹的安裝模式相同，都必須經過重新啟動電腦的程序，不過在確定重新啟動電腦之前，必須先將已開啟的檔案或是正在執行的應用程式關閉，以確保檔案資料不會損毀。

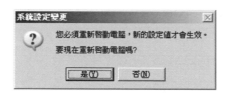

詢問是否立即重新啟動電腦

不論使用那一種安裝的方式，我們都能夠很容易的將終端機伺服器安裝到目前的作業系統中，除了相關檔案的複製外，也能夠同時進行系統環境的設定，而且都會與伺服器的管理畫面整合，因此使用者可以自行決定安裝的模式，不過不論選擇以那一種方式進行安裝的程序，都必須確定每一個設定的步驟與選項所代表的意義，以及所會造成的影響，例如：安全性的設定等，仔細的進行系統環境的調校，才能夠確保日後使用上的便利。

4-2　終端機服務管理員

對於遠端建立的連線，可以直接透過終端機服務管理員進行管理，以確實掌握目前系統的使用者，另外也能夠瞭解目前線上的使用者正在進行的作業程序，這對於系統管理而言，是相當重要的一件事，因此對於管理的方式以及能夠提供的管理工具，都必須熟悉以及瞭解操作的方法，在遠端連線的使用者管理上，才能夠得心應手。

管理介面

透過終端機服務管理員就能夠掌握目前所有的連線狀態，包括了登入的使用者、工作階段、目前的狀態、閒置的時間以及登入的時間，利用整合式的管理介面，能夠同時查詢伺服器目前的狀態。

終端機服務管理員的畫面

在左邊的選單中，提供了幾個主要的功能，能夠讓我們針對目前這台伺服器進行瞭解，也能夠知道目前伺服器的情況。

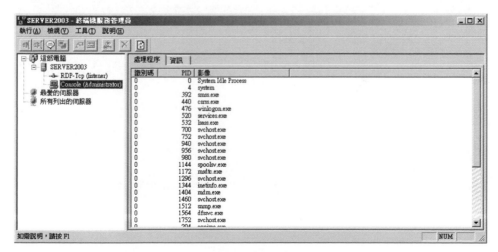

Console的訊息

檢視現有的連線

　　切換到伺服器的功能，就能夠知道目前正在線上的使用者，如果直接在伺服器進行登入的使用者，工作階段將會顯示「Console」的狀態，如果使用遠端桌面連線或是終端機伺服器用戶端程式登入的使用者，則會顯示RDP-TCP#的狀態，同時會紀錄登入的時間。

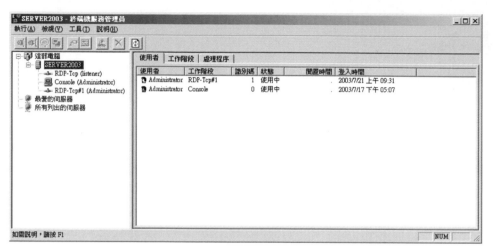

目前的連線狀態

　　針對遠端的連線，可以直接檢視該連線目前的處理程式以及相關的資訊，處理程序所代表的就是該名遠端登入的使用者正在執行的程序，與在本機執行的任何程序一樣，不同的程序都會有不同的PID號碼。

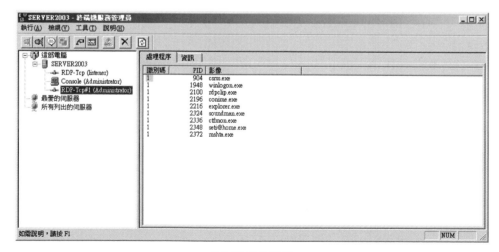

正在執行的程序

切換到「資訊」標籤頁，則可以取得該名使用者的使用者名稱、用戶端的名稱、用戶端的版本號碼、用戶端目錄、用戶端產品識別碼、硬體識別碼、用戶端的位置、伺服器緩衝區的大小、用戶端緩衝區的大小、目前使用的色彩深度、用戶端解析度等相關的資訊，這可以用來判斷使用者的連線環境，以及能夠支援的程度。

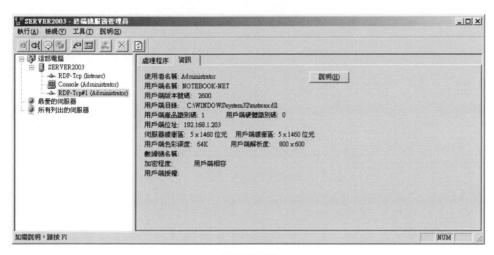

使用者資訊

針對所選擇的使用者，還可以進一步的檢視目前連線工作階段的輸入/輸出狀態，包括了輸入或輸出的位元件、框架、位元組框架、框架錯誤、多框架錯誤、逾時錯誤、壓縮比率等資料，如果想要針對某一段時間進行連線品質或是連線狀態的分析，可以利用「重設計數器」的功能，就能夠重新進行各項數值的計數分析，以取得我們所需要的數據資料。

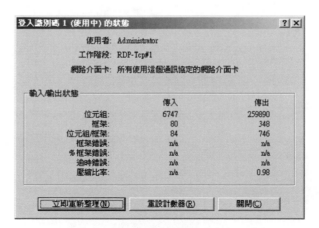

目前的連線狀態

線上傳訊

針對遠端連線的使用者，在伺服端可以直接利用「傳送訊息」的功能，與登入的使用者傳送訊息，這是與遠端連線的使用者建立溝通管道的方式之一，只需要輸入想要傳達的訊息，就能夠直接將訊息送達遠端使用者的連線視窗中，在使用上相當的方便。

輸入傳送的文字內容

當收到由終端機伺服器所傳來的訊息後，將會直接顯示在畫面上，一般而言傳送訊息的功能，大多用來發送一些公告，例如：將在五分鐘中重新啟動伺服器等，讓目前所有的使用者能夠提早結束正在處理的作業程序，以避免因為系統維護等其它問題而造成檔案毀損的問題。

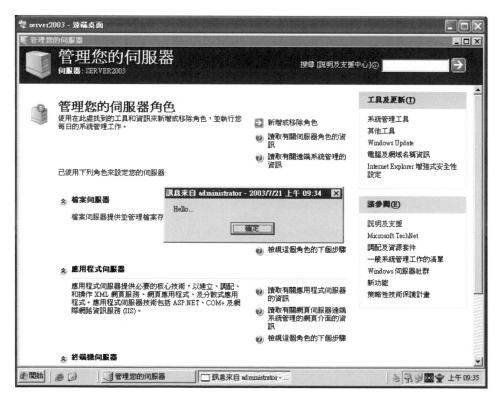

伺服端傳來的訊息

終端機服務管理員能夠讓我們掌握目前遠端連線的使用者情況，能夠瞭解使用者所執行的程序與正在進行的工作之外，可以確保伺服器所提供的服務能夠符合實際上的需求，如果發現使用者執行了不被允許的程序，則可以由終端機服務管理員進行控制，例如：限制使用者權限、提高安全性等級或是直接中斷該名使用者的連線。

4-3 終端機服務設定

在前面幾節針對終端機的服務做了詳細的介紹，在這一節將介紹如何在Windows Server 2003中針對終端機的服務進行設定，以確定能夠提供所需要的環境給遠端連線的使用者，在這一節中將介紹終端機服務的設定，完成環境的設定後，就能夠提供遠端桌面連線以及終端機伺服器用戶端程式連線的服務。

終端機服務的設定

◆連線的設定

進入終端機服務設定的管理畫面後，在這可以檢視目前的連線以及進行伺服器的環境設定，在「連線」的項目中，可以看到目前連線的名稱、使用的通訊協定以及提供服務的類型等資料。

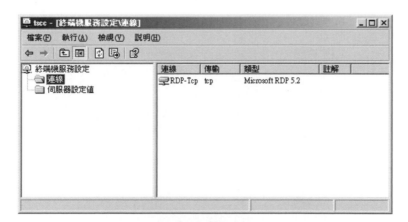

終端機連線服務設定

開啟連線的內容，則可以進一步的針對所需要連線環境進行調校，在「一般」標籤頁，可以為目前所設定的這個連線加入註解，或是指定加密的程序，預設為自動選擇與用戶端相容的加密方式，不過我們仍然可以直接由下拉式的選單中，指定加密的

程度,可以選擇「低度」、「用戶端相容」、「高度」以及「FIPS相容」等四種不同的加密程序,不過除非有特殊的需求,否則大多會將加密程度設定成與用戶端相容的模式,在建立連線後會自動調整與建立連線的使用者相容的加密程度。

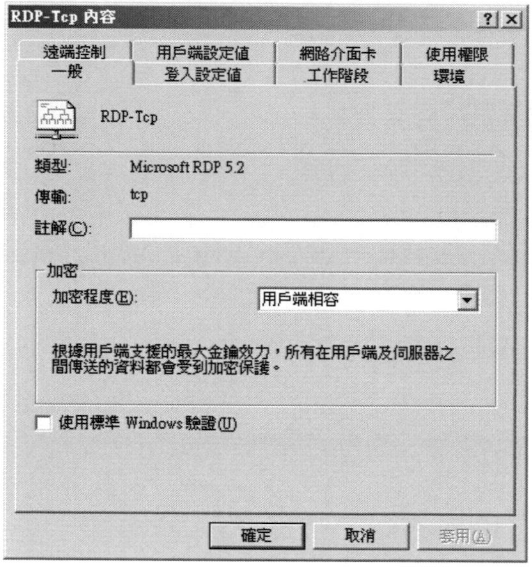

一般項目的設定

在「登入設定值」中,可以選擇「使用用戶端提供的登入資訊」以及「自動使用下列登入資訊」兩種不同的模式,如果不使用由用戶端提供登入資訊的方式,必須輸入使用者名稱、網域、密碼等相關的資料,在建立遠端的連線時才能夠順利完成。

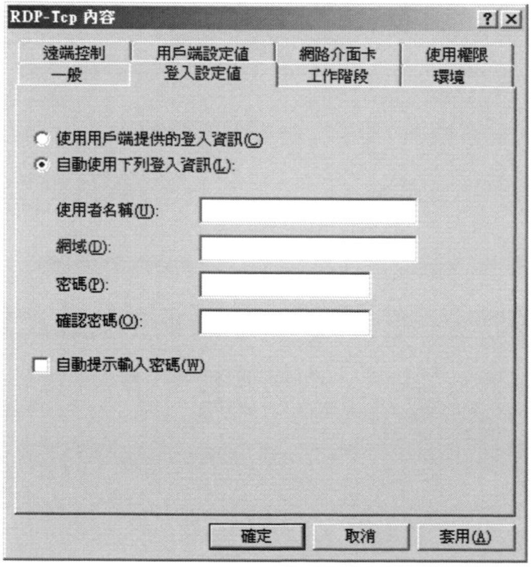

登入設定值

在「工作階段」的設定中，可以讓我們調校終端機服務逾時以及重新連線的設定值，這可以依據實際的需求進行調校，直接針對不同的狀況，可以由下拉式的選單中，指定啟動該處理程序的時間，如果不想要觸發處理程序，也可以將時間設定成「永不」即可，主要是依據系統管理的狀況來設定時間。

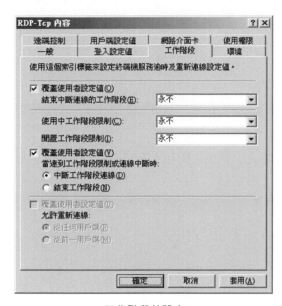

工作階段的設定

在「環境」標籤頁中，提供了初始程式的設定，可以進行覆寫使用者設定檔以及遠端桌面連線、終端機服務用戶端的設定檔，另外如果在使用者進行遠端登入後，想要立即啟動系統伺服器上的程式，就可以直接指定，必須設定程式的路徑、檔案的名稱以及開始的位置，在設定好這些參數，再實際進行測試，以確定所指定的程式能夠執行。

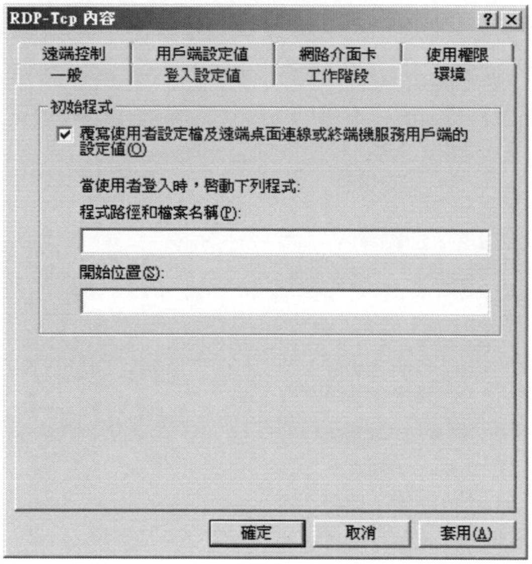

環境的設定

在「遠端控制」標籤頁中，主要提供了遠端控制方式的設定，可以選擇「使用者包含使用者預設值的遠端控制」、「不允許遠端控制」以及「使用包含以下設定值的遠端控制」，最後一項可以搭配所提供選項進行設定，進一步的設定使用權限以及控制等級，因為遠端控制時可以直接進行伺服器環境的與組態的設定，建議仍然必須使用者的使用權限，而控制等級則可以選擇「檢視工作階段」以及「與工作階段互動」。

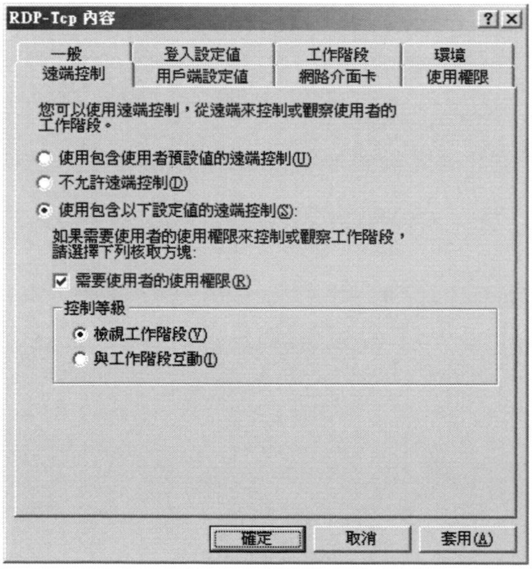

遠端控制的設定

切換到「用戶端設定值」標籤頁，在這可以設定連線的參數，也包括了色彩深度的設定，新版本的遠端連線程式可以提供較高的色彩深度，以呈現較為飽和的色彩，另外也可以針對一些項目，例如：磁碟的對應、COM連線埠對應、Windows印表機對應、剪貼簿對應、LPT連接埠對應以及音訊對應等，這些項目可以依據實際提供終端機服務時的需求進行設定。

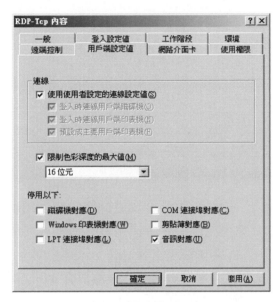

用戶端設定值

「網路介面卡」標籤頁中的設定，主要可以讓我們設定所提供遠端連線服務的網路介面卡，一般而言，除非有特別的需求，例如：在系統中安裝了兩塊以上的網路卡，而不同的網路卡連接各自的網段，此時如果想要讓其中一個網段的使用者能夠進行遠端連線，而另一個網段的使用者無法使用終端機的服務，則可在這樣直接設定遠端連線的網路介面卡，否則大多會開放所有的網路介面卡都能夠使用這項通訊協定，另外也可以針對連線的數目進行設定，如果屬於區域網路，則可以無限制連線的數目，不過如果是透過網際網路所提供的遠端連線服務，為了保障所提供的服務品質，則必須進行連線數目的限制，以確保每一個使用者進行遠端連線時，在操作的過程中能夠較為順暢。

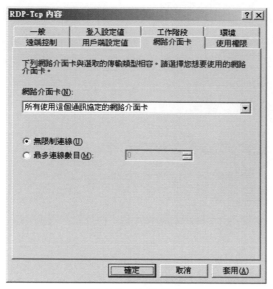

網路介面卡的設定

　　最後，在「使用權限」的設定中，主要是針對能夠使用終端機服務的使用者進行設定，在這可以分成「完全控制」、「使用者存取」、「來賓存取」以及「特殊權限」等四種不同的權限，能夠依據需求設定成「允許」或是「拒絕」提供相關的服務，因此使用者的權限在整個終端機服務中佔有相當重要的一環，因此在透過遠端桌面連線程式或是終端機服務用戶端程式進行遠端登入時，都必須通過使用者名稱以及密碼的驗證，就如同直接在設備前面進行登入的程序一樣，因此對於使用者帳號以及群組的設定，必須考慮到所賦予的權限，是否符合實際的需求，藉由嚴格的管理與制度的建立，以期建置一個符合安全需求，也能夠同時提供便利作業環境的服務。

使用權限的設定

進入「進階」選項的設定，在這可以進一步的針對安全性進行調校，提供了「權限」以及「稽核」兩個主要的項目，在「權限」標籤頁中，針對不同的使用者，提供了權限以及類型的設定，也能夠設定是否直接繼承自其它的物件。

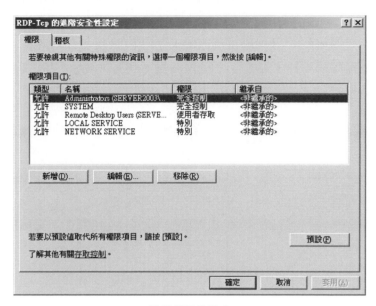

進階權限的設定

而在「稽核」標籤頁中的設定中，可以看到目前進行稽核的項目有那些，以及存取與繼承的狀況，針對進行稽核的項目，也可以進行細部的調整，另外如果要將所有的稽核項目回復到預設值，則可以直接按下「預設」按鈕即可。

稽核項目的設定

◆伺服器的設定

伺服器的設定，主要針對伺服器的運作以及遠端使用者在使用的過程中，可能會遇到的情況，其中也包括了伺服器所提供的環境，可以設定的項目有以下幾項：結束時刪除暫存資料夾、提供暫存資料夾給每一工作階段使用、授權、Active Desktop、使用權限相容性、限制每個使用者只能有一個工作階段以及工作階段目錄，想要設定這些項目時，只需要在該項目上連接兩下滑鼠左鍵，可以開啟設定的畫面，再依實際的需求進行調整即可。

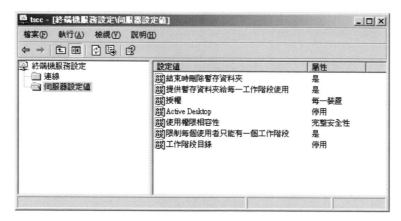

伺服器的設定值

在「授權」的設定中，我們可以直接選擇不同的授權模式，在這提供了「每一裝置」以及「每個使用者」兩種不同的模式，這個設定主要是針對授權對象使用權的取得，會要求每個連線到終端機的用戶端電腦，必須依據我們所指定的授權模式取得授權，才能夠順利的使用終端機伺服器所提供的服務。

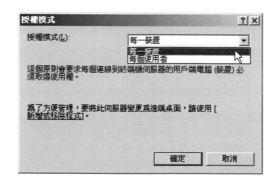

授權模式

在使用權限相容性的設定上，提供了「完整安全性」以及「寬鬆安全性」兩種可供選擇，前者可以提供應用程式最安全的作業環境，不過因為安全上的考量，可能無法執行一些繼承應用程式，而後者的使用時機，就在需要執行繼承應用程式時才選擇，因為寬鬆的安全性設定，並無法為遠端的使用者提供一個安全的作業環境。

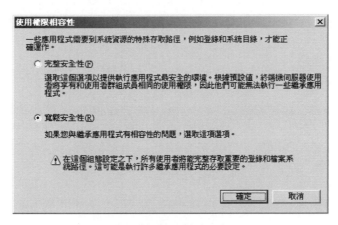

使用權限相容性的設定

在設定工作階段目錄時，可以為遠端連線建立專屬的工作目錄，確保使用者可以無障礙地重新連線到「終端機伺服器」工作階段的原始伺服器，而這項設定。此工作適用於隸屬一終端機伺服器叢集的終端機伺服器，並要求伺服器執行 Windows Server 2003, Enterprise Edition 或 Windows Server 2003, Datacenter Edition，且要在網路上可見，還須啟用「工作階段目錄」服務。在這台工作階段目錄伺服器上不應該設定「終端機伺服器」角色。

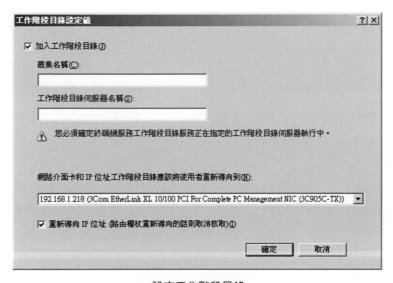

設定工作階段目錄

使用者登入權限的設定

在Windows Server 2003作業系統中，Administrators以及Remote Desktop Users群組的成員可使用「終端機服務」連線來連接到遠端電腦，而Remote Desktop Users群組不會依預設顯示，所以在決定提供終端機服務以及進行終端機服務伺服器的建置時，必須決定哪些使用者及群組應該要有遠端登入的使用權限，然後再手動將這些使用者新增到群組中。

◆由群組新增使用者

只有經過授權的使用者才能夠使用終端機的服務，先開啟Remote Desktop Users群組，再進行新增使用者的程序，不過所新增的使用者帳號，必須屬於本機上的使用者帳號或是能夠網路上可供驗證的使用者。

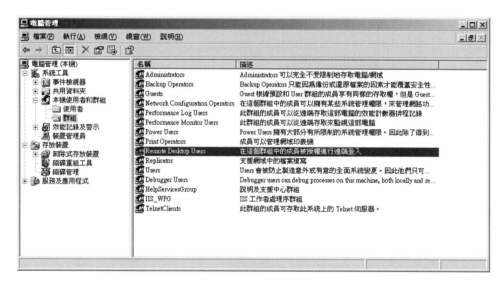

群組清單

進入Remote Desktop Users群組中，在這顯示了目前屬於這個群組的所有成員，按下「新增」按鈕，就可以新增使用者帳號到這個群組，也才能夠使用遠端伺服器所提供的服務。

新增使用者

◆將使用者加入群組

　　如果從使用者帳號的設定畫面，也能夠直接將目前的這位使用者加入到指定的群組，首先進入使用者帳號的內容，關於使用者帳號的設定，可以參考前面的章節，以下僅針對群組的設定進行介紹。

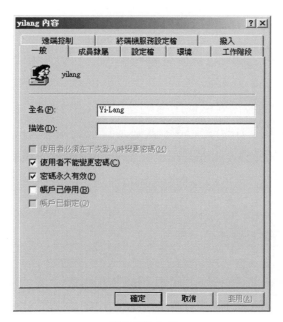

使用者的內容

在「成員隸屬」的項目中，顯示了目前這名使用者所隸屬的群組，因為只有Administrators以及Remote Desktop Users群組的成員才能夠使用終端機伺服器所提供的服務，因此必須新增Administrators或Remote Desktop Users群組到成員隸屬的清單，不過如果不想提供給這名使用者最高權限的系統控制權，則建議僅新增Remote Desktop Users群組即可。

設定成員隸屬的群組

建立使用者與群組之間的關係，是系統管理工作中，相當重要的一環，因為將不同屬性的使用者歸屬於不同的群組，可以減少管理上的麻煩，而Administrators或Remote Desktop Users是能夠提供使用遠端連線登入的群組，因此如果安裝了終端機伺服器，在進行使用者群組的設定時，就必須特別留意這兩個群組的成員，如果僅是提供遠端連線登入的服務，而不想提供系統管理的權限，則只需要將會使用者加入Remote Desktop Users群組即可，以避免過高的權限，造成系統潛在的安全問題。

4-4 終端機服務授權

雖然安裝好終端機伺服器後，我們就可以利用遠端桌面連線或是先前的終端機伺服器用戶端的程式進行遠端的管理工作，但是如果不安裝「終端機伺服器授權」，則當第一次用戶端登入開始計算的120天評估期結束後，所架設的終端機伺服器將停止

接受來自未經授權之用戶端連線，因此為了將來能夠繼續使用終端機服務，則必須在另一台電腦上，安裝終端機伺服器授權伺服器，才能夠解決這個問題。

「終端機伺服器授權伺服器」會管理「終端機服務」用戶端連線的授權，在使用上只需啟動一次「終端機伺服器授權伺服器」，之後「終端機伺服器授權伺服器」會成為終端機伺服器用戶端授權的存放庫，不過在完成註冊程序之前，「終端機伺服器授權伺服器」只能發行臨時的授權給用戶端，因此如果終端機伺服器所提供的服務將會成為一項永久性的服務，則必須進行終端機伺服器授權伺服器的建置。

安裝終端機服務授權伺服器

在預備進行終端機服務授權伺服器的電腦中，利用Windows元件精靈進行安裝的程序，在這直接由清單中選擇「Terminal Server Licensing」，再準備好Windows Server 2003的原版光碟，即可繼續進行元件的安裝。

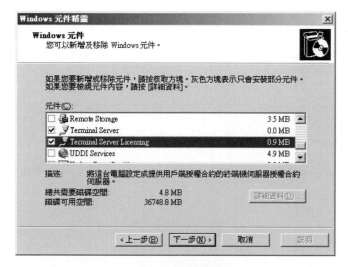

Windows元件精靈

接著將會進入終端機伺服器授權安裝程式的設定畫面，目前這個授權伺服器可以使用於網域或工作群組，而授權伺服器的資料庫，將會安裝於指定的位置，一般而言如果沒有特別的需求，建議直接使用預設的安裝路徑即可。

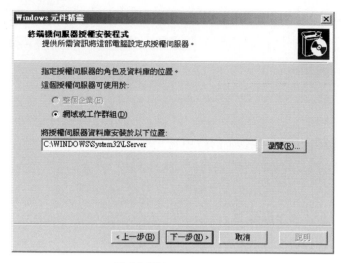

設定授權伺服器的環境

進行相關檔案的複製，在畫面可以上看到目前處理的進度以及安裝的狀態，稍待一會即可完成檔案的複製與環境的設定程序。

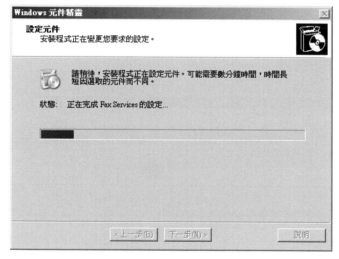

正在複製檔案與設定環境

完成整個安裝的程序後，就會出現順利完成Windows元件精靈的畫面，在這直接按下「完成」按鈕即可離開安裝程式。

完成安裝的程序

啟動終端機服務授權伺服器

　　必須先啟動授權伺服器，授權伺服器才能將使用權發給終端機服務用戶端，當我們啟動授權伺服器時，微軟會提供伺服器一個可驗證伺服器擁有權與身分識別的數位憑證，經由使用此憑證，授權伺服器以後就可以和微軟進行交易，並接收終端機服務伺服器的用戶端使用權，啟動授權伺服器有以下三種不同的方式：

◆ 透過自動連線（網路）啟動授權伺服器

◆ 透過網頁啟動授權伺服器

◆ 透過電話啟動授權伺服器

　　其中以透過網路直接進行授權伺服器啟動的方式最為簡單，不過在使用之前必須先確定網路已經連通，能夠直接存取網路上的資源。

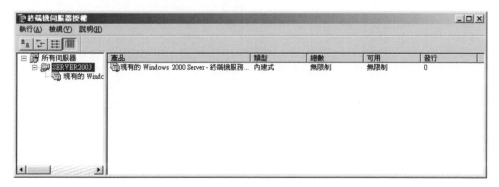

終端機伺服器授權

　　以下將繼續介紹使用終端機伺服器授權伺服器的程序，執行啟用的程序後，將會自動進入啟用精靈的設定畫面，在這提供了一些與啟用終端機伺服器授權伺服器相關的資訊。

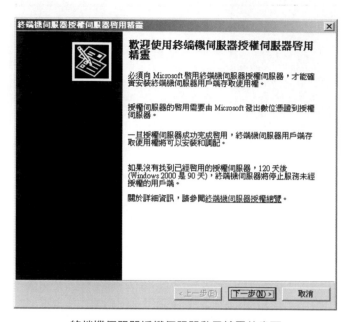

終端機伺服器授權伺服器啟用精靈的畫面

　　選擇啟動的方式，在這提供了先前介紹過的三種啟動方式讓我們選擇，以下將以「自動連線」的啟用方式進行介紹，透過網際網路直接進行啟動的程序較為便利，不過如果目前尚無法連線至網際網路，也可以利用其它兩種不同的啟用方式，直接撥電話與微軟聯絡，確認相關資料後，同樣能夠完成啟動的程序。

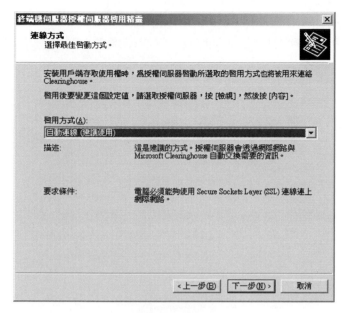

選擇啟用的方式

　　輸入公司的資訊，每一個欄位都必須填寫，包括了名字、姓氏、公司以及國家等資料，這些資料在啟用的過程中，將會向微軟進行登錄，因此必須確定所輸入的資料都是正確的。

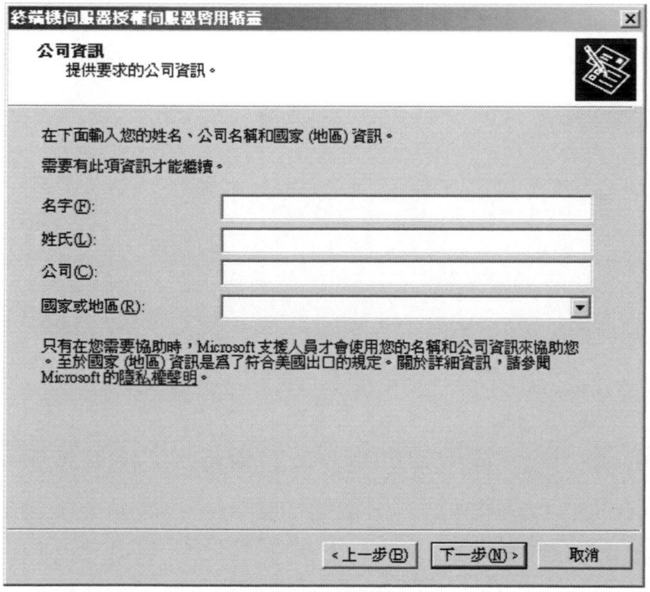

輸入公司的資訊

接著必須再輸入電子郵件地址、組織單位、公司地址、縣/市、省以及郵遞區號等資訊，不過這些資訊屬於選擇性輸入的，可以依據實際的考量，決定是否提供這些資料。

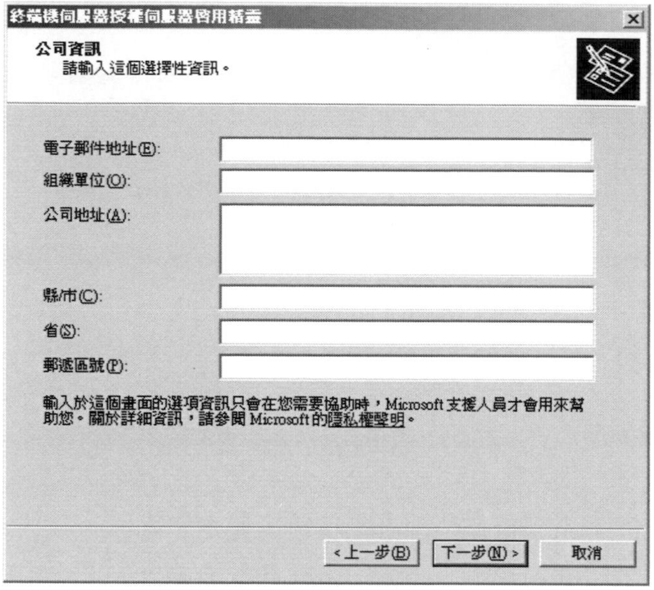

選擇性的資料

完成資料的輸入後，接著將會進行啟用的程序，首先將會透過網路尋找Microsoft啟用伺服器，再進行資料的登錄，這需要花費一些時間，依個人所在位置的網路品質以及目前的網路情況而定。

進行啟用的程序

如果所提供的資料已經完成登錄的程序，將會看到完成終端機伺服器授權伺服器啟用完成的畫面，在這可以繼續進行終端機伺服器用戶端授權精靈的設定，或是直接離開，稍後再進行相關的設定。

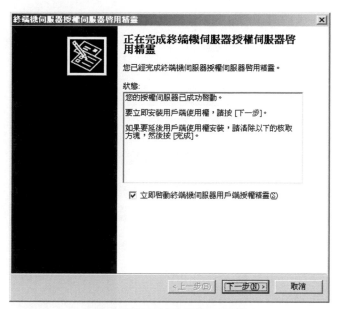

完成終端機伺服器授權伺服器啟用

安裝用戶端存取授權

　　CAL是每個用戶端儲存於本機的數位簽章憑證，所有的CAL都安裝在「終端機伺服器授權伺服器」中，當用戶端第一次登入到終端機伺服器時，終端機伺服器會辨識用戶端尚未取得CAL，並找到「終端機伺服器授權伺服器」以發行新的CAL給用戶端，完成終端機伺服器授權伺服器的啟動與安裝後，接著就會進入終端機伺服器CAL的安裝，在這將會顯示先前在進行啟動終端機伺服器授權伺服器時所輸入的資料。

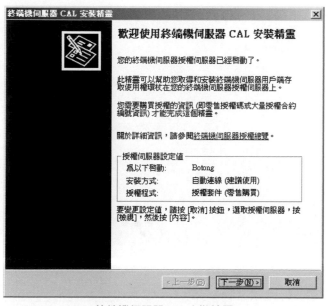

終端機伺服器CAL安裝精靈

在這必須選擇授權的方案，不同的授權方案必須提供不同的資料，才能夠完成相關的設定，因此在選擇授權方案之前，必須先確定目前所擁有的授權屬於何種類型，才能夠順利用的完成授權的設定。

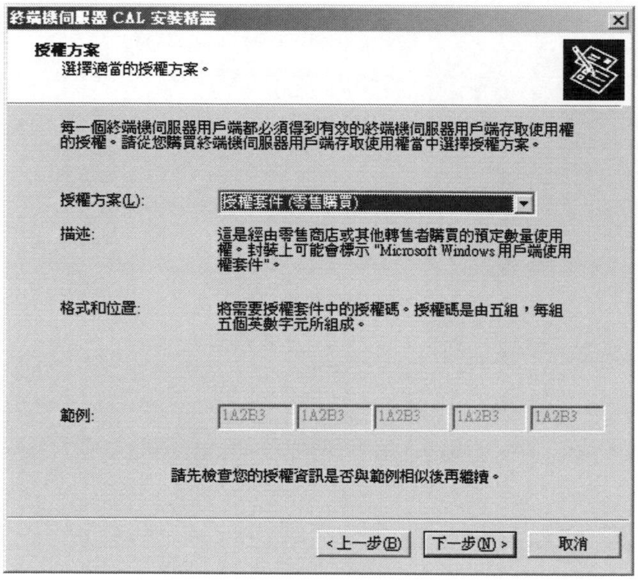

選擇授權方案

在這提供了「授權套件（零售購買）」、「Open License」、「Select License」、「企業合約」、「校園合約」、「學校合約」、「服務提供者授權合約」以及「其它合約」等不同的授權方案可供選擇，因為不同的方案所需要填寫四資料不同，所以必須選擇與目前所擁有的授權相符的方案。

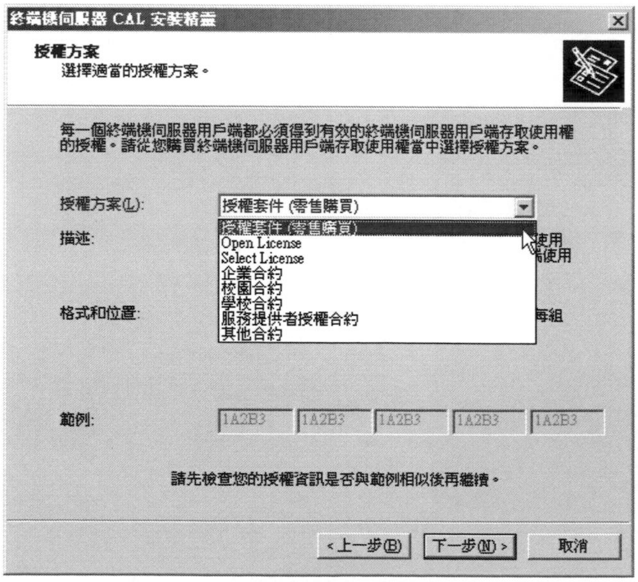

選擇授權方案

　　以「授權套件（零售購買）」授權方案而言，就必須輸入每一個零售版本的授權碼，才能夠提供給用戶端授權使用，如果未與微軟簽署任何的授權合約，或是直接在軟體通路上所購買的版本，大多屬於此種授權方式。

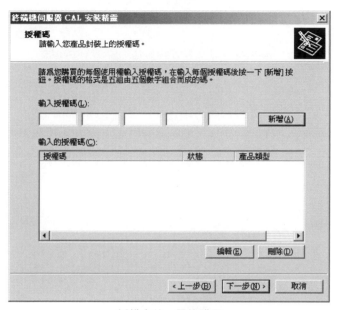

授權套件－零售購買

　　如果是「Open License」的授權方式，則必須提供合約編號，才能夠進行後續的安裝程序，合約編號包括了「許可號碼」以及「授權號碼」兩部份，可以參考範例的說明。

Open License

Windows Server 2003 技術手冊
伺服器建置篇

　　如果使用「Select License」授權方案，則必須提供「合約編號」，才能夠繼續進行安裝的程序。

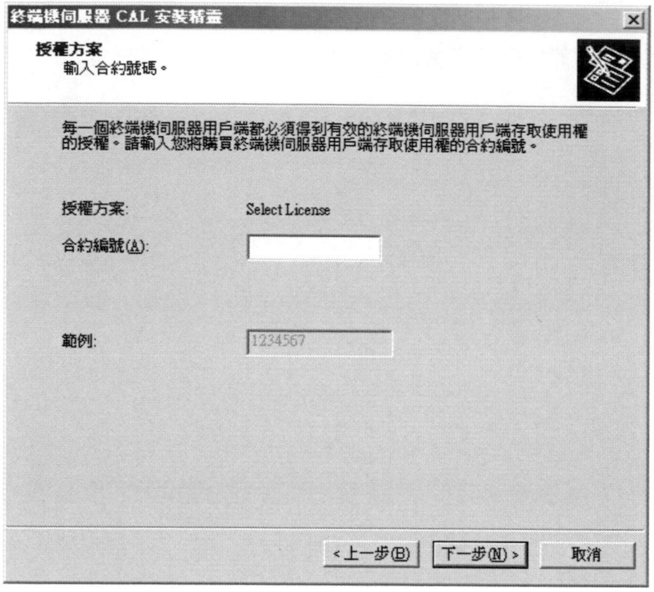

Select License

　　以「企業合約」的授權方式，則一樣必須輸入合約的編號，才能夠進行安裝的程序，這也是絕大多數企業界所使用的授權方式。

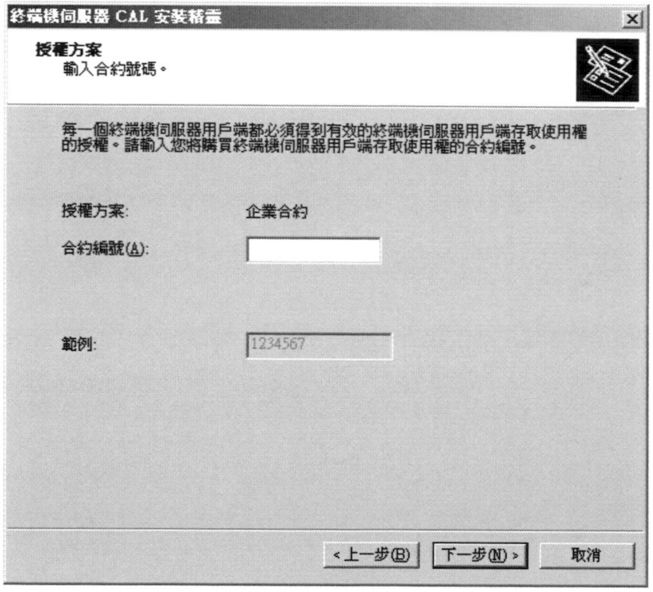

企業合約

　　透過授權的管理，可以確保每一個用戶端的使用權，在終端機服務上也能夠直接透過終端機伺服器授權伺服器進行授權的管理工作，因此如果以長期的運作而言，在目前的網路環境中，除了終端機服務伺服器的建置外，在終端機伺服器授權伺服器上也是相當重要的一環。

4-5　終端機服務的效用

　　終端機服務的最大功用，就是讓系統管理人員能夠操作與設定遠端的電腦或伺服器，改善以往需要花費在往返的時間上，因此透過終端機服務就能夠直接登入遠端的伺服器或是電腦，進行所需要進行的處理程序，在使用上就像我們直接在電腦前面操作一樣。

　　終端機服務提供了一個能夠從遠端登入系統，並且直接進行系統管理工作的管道，這也因為網路的發展將距離縮短了，因此我們可以直接在電腦前面，透過遠端連線的建立，直接管理不同的電腦與伺服器，例如：如果同時管理多台伺服器時，每天經常性的工作，像檢視系統事件、確認磁碟容量等工作，就可以直接利用遠端連線的方式進行檢查，不需要到每一台電腦前面開啟事件記錄，就能夠掌握系統的狀態，可以省卻相當多的麻煩。

檢視事件記錄

Windows Server 2003 技術手冊
伺服器建置篇

　　針對伺服器所提供的服務項目，也能夠從遠端進行元件的安裝、系統環境的設定、服務的停止與啟動等多項系統相關的操作，直接藉由遠端的連線，同樣可以快速的完成伺服器環境的設定與調校，以提供所需要的服務項目，這些操作程序可以在直接利用遠端開啟設定的畫面，就能夠進行功能的設定，使用上相當的便利。

設定服務項目

　　在登入遠端桌面後，也能夠開啟應用程式，例如：瀏覽器，也能夠瀏覽網站以及透過網路取得所需要的資源，這對於需要進行程式更新或是資料更新的需求而言，是相當方便的，因為從遠端就能夠直接進行病毒碼的更新或系統程式的修補，會直接針對所登入的伺服器進行資料更新的處理，因此在進行這些程序時，就需要特別注意。

開啟應用程式

　　對於目前遠端系統的執行效能，也能夠運用一些系統監測的工具，例如：效能程式，就可以直接針對伺服器進行效能的分析，以瞭解目前的系統狀態，不過因為遠端桌面連線的服務，將會使用系統的資源，例如：處理器、記憶體、網路等項目，因此在監測這些項目時，所呈現出來的數值與曲線圖，可能會與實際未提供遠端連線時不同，因此所取得資訊僅可提供參考。

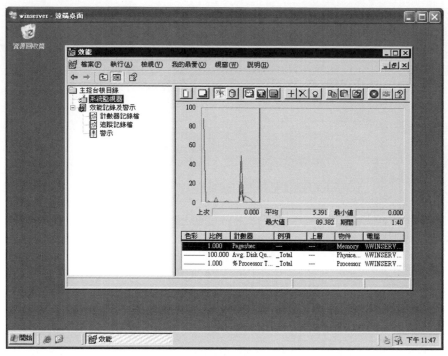

系統效能分析

　　在「系統內容」中針對遠端協助的功能中，可以選擇是否允許從目前這部電腦發出啟動遠端協助的要求以及是否允許使用者遠端連線到目前的電腦，預設的情況下都會允許使用者從遠端連線到我們的電腦，但是「遠端協助」的功能預設是關閉的情況，因此除了遠端桌面連線的服務之外，如果需要從目前這部電腦發出啟動遠端協助的要求時，則可以使用這個選項。

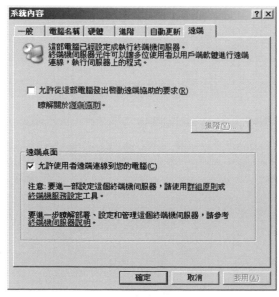

遠端協助的設定

在遠端協助的「進階」設定中，可以設定是否允許從遠端控制這台電腦，以及設定邀請保持有效的最大期限，預設值為30天。

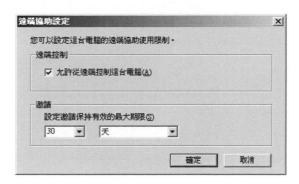

遠端連線的進階設定

終端機伺服器能夠提供所需要的連線服務，也能夠直接傳送遠端桌面的畫面，而遠端協助的功能，則是邀請遠端的使用者連上我們的電腦，協助我們處理遇到的問題，因此對於這兩種不同的功能，必須深入的瞭解，才能夠運用在系統的管理上。

4-6　遠端桌面連線服務

前面幾節，循序漸進介紹了終端機伺服器的安裝與環境的設定，也提供了使用者權限的設定，在這一節中將介紹連線環境的設定以及如果登入遠端系統，其中在連線環境的設定中，將會針對遠端桌面連線的程式進行設定，在設定的過程中，主要還是必須同時考量伺服器以及用戶端的作業環境，因為建立連線時將會佔用較多的網路資源，因此環境的設定就顯得格外的重要。

連線環境的設定與登入遠端系統

連線環境的設定與登入遠端的系統是一樣的重要，前者為用戶端在環境上的設定，而後者則是伺服器本身能夠提供的服務，以及針對不同的使用者，提供專屬的系統服務，因此這兩者在調校系統的環境時，必須一併考量，讓整個建立連線以及使用的過程中，不會發生安全上的疑慮。

◆連線環境的設定

在Windows XP或是Windows Server 2003中，可以直接執行「遠端桌面連線」的程式，就能夠啟動遠端桌面連線的程序了，執行後可以直接由下拉式的選單中，選擇先

前曾連線過的伺服器，如果是未曾連線過的伺服器，則可以利用瀏覽的方式，來選擇可以連線的伺服器，或是直接指定伺服器所在的位置，這些方式都能夠直接利用先前所設定好的作業環境，進行遠端連線的程序。

遠端桌面連線的畫面

按下「選項」按鈕，就可以開啟設定的畫面，在這分成了「一般」、「顯示」、「本機資源」、「程式」以及「進階設定」，以下將分別針對這些項目進行介紹，以調整出符合我們需求的連線環境，在「一般」標籤頁中，提供了使用者名稱、密碼以及網域的設定，其中使用者帳號與密碼部份，必須是遠端伺服器所允許遠端連線的使用者帳號才行，而網域則必須依據所在的網路環境來設定，設定錯誤將有可能造成網路環境無法運作。

一般資訊的設定

在「顯示」標籤頁中，提供了顯示環境的設定，可以調整遠端桌面的大小，一般而言必須與連線端的桌面大小一併列入考量，例如：在一個使用1024*768個像素的作業環

境中，如果將遠端桌面設定成1280*1024個像素時，除了畫面會超出畫面的範圍外，也會造成操作上的不便，另外在色彩的選擇上，也必須依據實際的環境進行設定。

顯示品質的設定

在「本機資源」標籤頁中，主要是設定遠端電腦聲音的處理方式、鍵盤的整合方式，主要是針對組合鍵的部份進行定義，另外對於本機上的裝置，也可以選擇在登入遠端電腦時，是否自動為這些裝置建立連線，讓使用者能夠使用這些位於本機上的資源，這些本機資源包括了磁碟機、印表機以及序列連線埠。

本機資源的整合

如果在建立連線時，想要自動執行一些程式，則可以透過「程式」標籤頁，在這就可以直接指定程式所在的路徑以及檔案的名稱，另外也可以設定工作的資料夾，不過所執行的程式，必須確定沒有問題。

啟動程式的設定

切換到「進階設定」標籤頁，有主要是針對連線速度進行設定，當我們指定連線的速度時，系統將會自動變更所允許使用的選項，一般而言使用越多的功能，將會佔用較多的網路資源，因為在設定時必須先指定目前網路的連線速度，接著依據本身的需求進行這些項目的設定。

遠端桌面連線的進階設定

　　在選擇連線的速度時，必須依據本身所處的網路環境來決定，由下拉式的選單中，可以選擇「數據機（28.8Kbps）」、「數據機（56Kbps）」、「寬頻（128Kbps-1.5Mbps）」、「區域網路（10Mbps或更快）」以及「自訂」等，選擇了連線速度後，程式將會自動調整以下幾個選項的設定，當然如果有需要也可以自行設定想要使用的環境。

選擇連線的速度

　　完成環境的設定後，就可以進行連線的程序了，因為是針對目前的網路環境與需求進行設定，所以使用的過程中可以獲得較佳的連線品質，也能夠滿足實際上的需求。

◆連線到遠端桌面

連線到遠端的桌面時，必須輸入可登入的使用者帳號與密碼，如果使用Windows XP或是Windows Server 2003以後的版本，就能夠提供較佳的畫面品質，尤其在色彩的品質上更為明顯，如果無法完成登入的程序，通過使用者帳號的驗證，就無法建立遠端桌面連線。

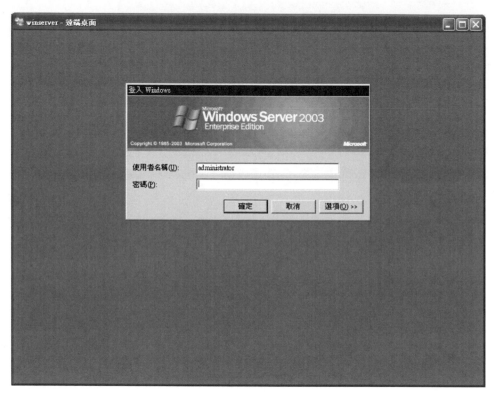

登入遠端桌面

　　登入遠端的桌面後，在這就可以看到一個可以讓我們作業的環境，接著就能夠直接使用滑鼠、鍵盤進行操作，就如同我們直接在電腦前作業一樣，使用上相當的方便，不過因為是透過遠端連線的方式，能夠提供何種程度的服務，例如：能夠執行的程式以及設定的功能，就必須依據伺服器本身所設定的規則，而且能夠提供的服務也會與登入的使用者相關。

遠端系統的桌面

完成登入後可以進行系統管理的工作，例如：病毒碼的更新、系統環境的設定、磁碟的分析與重組等，不過因為是透過網路進行畫面的傳送，因此畫面的反應時間將會與網路的頻寬有關。

進行系統環境的設定

除了環境的設定外，也能夠直接開啟伺服器的管理畫面，附圖所的畫面就是筆者從Windows XP透過遠端桌面連線程式直接與安裝終端機服務的Windows Server 2003作業系統所建立的連線畫面，畫面中已開啟「管理您的伺服器」畫面，進行各種伺服器的設定工作。

管理遠端的伺服器

終端機服務用戶端程式

如果使用者目前所使用的並非Windows XP，而想要登入Windows Server的終端機服務呢？則必須安裝終端機用戶端程式，這個程式在Windows Server安裝好終端機伺服器時，就會一併安裝到系統資料夾中，需要用戶端程式的電腦，可直接使將這個資料夾的程式，安裝到自己的電腦中，就能夠取得終端機用戶端的程式了。

◆安裝終端機服務用戶端程式

對於Windows XP以前版本，必須安裝終端機服務用戶端的程式，才能夠使用遠端桌面連線的功能，執行安裝程式後，首先會出現歡迎的畫面，在這會顯示一些安裝的資訊供我們參考。

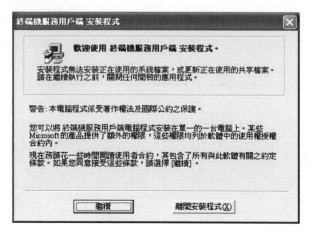

安裝程式的歡迎畫面

接著必須輸入使用者的名稱以及公司的名稱，這些資訊將會隨安裝程式一併記錄到系統中，註冊的資訊最好與目前所使用的作業系統相同。

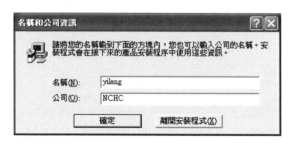

輸入名稱與公司資訊

顯示「授權合約」的資訊，主要針對軟體的使用方式做個規範，必須同意授權合約的內容才能夠繼續進行安裝的程序。

授權合約的內容

在這可以設定安裝的資料夾，一般而言如果沒有特殊的需求，建議直接使用預設的安裝路徑即可，不過仍然可以依據本身的需求與實際的狀況，來設定程式安裝的位置。

設定安裝的資料夾

接著將會進行相關檔案的複製，完成後將會顯示詢問的對話方塊，在這必須選擇是否將終端機服務用戶端程式提供給所有的使用者，如果只是想要提供給目前登入的使用者使用，則必須按下「否」，否則完成安裝的程序後，所有的使用者都可以直接開啟終端機服務用戶端的程式登入遠端的電腦。

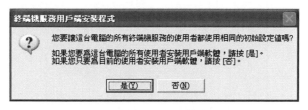

選擇初始設定的模式

最後就完成整個安裝的程序，按下「確定」鈕，就可以完成整個安裝的程序，接著將會繼續介紹如何執行終端機用戶端的程式來登入遠端的系統。

完成安裝的程序

◆執行終端機服務用戶端程式

　　如果所使用的作業系統不是Windows XP，或是目前的系統中並未安裝「遠端桌面連線」的工具程式，而使用者想要連接到終端機伺服器時，則必須透過終端機伺服器用戶端程式才行，以下將介紹如何安裝終端機伺服器用戶端的程式，並且透過環境的設定，再連接到終端機伺服器，進行所需要進行的作業，基本所採用的觀念與先前所介紹的遠端桌面連線程式一樣，新的版本針對舊的版本做了一些改良，關於功能的改善以及彼此之間的差異，可以參考前面的章節。

　　在終端機服務用戶端程式的主畫面中，可以進行伺服器、螢幕區域、可使用的伺服器以及相關選項的設定，關於可使用的伺服器而言，主要是針對目前的網路環境而定，如果目前的網路環境中有多台提供終端機服務的設備，則可以在這找到這些設備，並且可以直接選擇是否登入該設備，以進行相關的管理工作。

終端機服務用戶端程式的主畫面

　　連上終端機伺服器時，同時必須進行登入的程序，能夠進入遠端的系統進行作業，在這必須輸入登入的使用者帳號以及密碼，不過這個使用者帳戶，必須屬於Administrators以及Remote Desktop Users群組的成員才行，如果無法登入時，可以向伺服器的管理人員進行確認。

遠端桌面的登入畫面

進行遠端桌面環境的設定，能夠變更螢幕解析度、色彩品質、外觀等多個項目，就如同直接在電腦前操作一樣，不過終端機服務上仍然存在基本的限制，不過以實用的角度來考量，過高的畫面品質反而不如傳輸的效能來得重要，因為如果使用較高的解析度與色彩品質，在進行遠端連線時，將會增加網路頻寬的使用量，當遇到系統處理效能不佳時，更可能造成反應延遲的情況，因此在設定系統的運作環境時，需要特別留意。

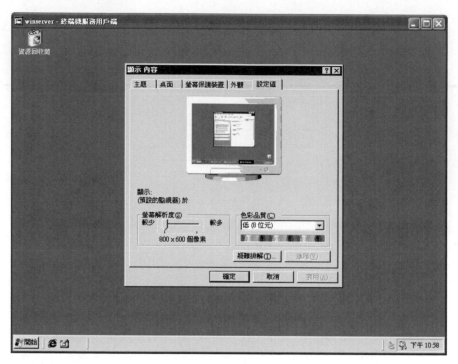

設定遠端桌面的環境

關閉連線

　　關閉遠端桌面連線或是終端機用戶端程式的視窗，都可以關閉連線，不過如果目前在終端機伺服器中執行程式或是指定執行某些程序時，這些應用程式以及執行程序如果未關閉或是停止執行，則會保持目前的狀態繼續執行。

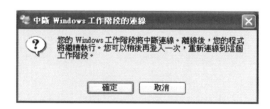

中斷Windows工作階段的連線

　　在這一章中針對終端機服務與設定，做了完整的介紹，對於系統管理而言，妥善的運用遠端連線的功能，可以縮短花費在系統維護上的時間，也能夠提供多位使用者由不同的作業環境，透過網路直接使用伺服器所提供的服務或是安裝在伺服器上的應用程式，不過因為還是得透過網路來建立伺服器以及用戶端的連線，因此對於網路的品質而言，仍然得達到一定的標準，如果在區域網路中，因為目前大多為Fast Ethernet的環境，因此頻寬不會是造成畫面傳送的瓶頸，不過以整體而言，終端機服務仍然是系統管理上最佳幫手。

Chapter 5

媒體服務

5-1　影音串流視訊技術

　　寬頻網路時代的來臨，相對也讓以往發展較遲緩的技術，有了可以發揮的空間，其中就以影音多媒體的發展最為快速，只需要建置串流媒體伺服器，就可以透過網路提供影音服務，而完整的串流媒體系統，通常是由一台執行編碼器的電腦，一台執行 Windows Media Services 的伺服器與播放程式所組成，利用編碼器可進行影音訊號的處理，配合媒體伺服器就可以進行發佈影音內容的動作，而使用者只需要透過播放程式來接收伺服器發佈的影音資料。

　　影音資料的發佈，一般會結合到網站的設計中，使用者只需要點選想要觀看的內容，就可以透過內嵌播放程式的網頁，或是使用者端的播放程式，來接收由伺服器所傳送過來的的影音內容，對於使用者而言，在開啟影音資料的操作上是相當容易的，只需要使用滑鼠點選即可，不過整個作業的程序中，網站伺服器並不擔任處理串流媒體內容的角色，僅是負責提供操作界面給使用者，當使用者選取後，就由媒體伺服器接手，直接將要求播放的內容傳送到目的地。

　　媒體伺服器可以由多種來源取得內容，例如：儲存在本機電腦中的內容、由網路上的檔案伺服器提供的內容，甚至是透過影像截取裝置取得的實況內容，這些不同的內容都可能透過媒體伺服器進行處理，使用點播或是廣播的方式，透過網路提供給使用者觀看，對於使用者而言，只需要與媒體伺服器建立連線，就可以取得所選擇的內容，而不需要考慮內容的來源，因此媒體伺服器扮演著內容入口網站的角色。

　　附圖是媒體伺服器、使用者以及網站伺服器的架構圖，當使用者點選內容的連結時，就會啟動播放程式，並且導向媒體伺服器，接著向媒體伺服器要求播放點選的內容，接著伺服器就會依據使用者的要求，提供串流媒體的內容給使用者，而使用者就能夠看到媒體伺服器所提供的內容。

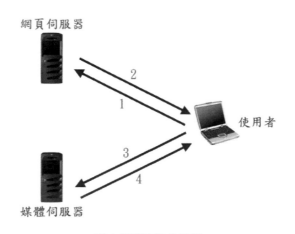

建立媒體服務的流程

　　媒體伺服器所提供的內容，可以來自不同的地方，例如：檔案伺服器、數位訊號、遠端發行端點等，這些內容透過串流媒體伺服器，就可以直接提供給使用者，對於使用者而言，取得這些內容是相當方便的。

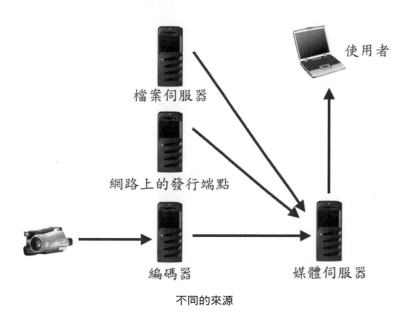

使用者

檔案伺服器

網路上的發行端點

編碼器　　　　　　　　　　　媒體伺服器

不同的來源

　　目前網路上所使用的影音技術而言，分成了三種不同的類型，分別是「下載」、「串流處理」以及「快速串流」，這三種技術雖然都能夠提供使用者透過網路直接觀看所選取的影音內容，不過對於網路頻寬的使用方式卻是不同的，在這一節會針對這三種不同的方式進行介紹，對於未來規劃與管理串流媒體伺服器時，能夠具備基本的技術。

下載媒體

　　這是最初期所發展出來的技術，當在網路上看到想要開啟的影音媒體時，必須先進行下載檔案的程序，將影音檔案儲在電腦中，再使用支援該檔案類型的播放程式開啟，才能夠看到影音內容，這樣的方式必須花費較多的時間，整個流程除了費時之外，也耗費磁碟的儲存空間，另外對於頻寬有限的網路環境而言，也會因為下載檔案較大的影音檔而佔用較多的頻寬，影響其它與網路相關的服務，尤其在較多人的環境中最為明顯，當使用者開始透過網路下載視訊媒體時，就會影響到其它的使用者。

串流處理

想要利用串流處理的方式將影音內容傳送給使用者，可以將內容儲存到Windows Media伺服器，再將它指派到某個發行端點，藉由建立通知檔或提供使用者發行端點連結的方式，提供使用者存取內容的管道，當使用者開啟通知檔或是連結時，播放程式就會自動執行，並且連線到串流。

以串流的方式處理視訊等影音媒體，能夠比採用下載的方式，更有效率的運用有限的頻寬，因為在傳輸的過程中，就會以用戶端能適當轉譯資料所必要的速度，進行資料的傳送，因此可以避免像採用下載方式傳輸，而造成網路過載的情況，同時有助於系統的穩定性，因此播放程式收到串流和開始播放之間，時間上通常會有所延遲，因為播放程式必須先緩衝處理資料，以防串流中出現延遲或間隔的情形，由於資料的串流處理和轉譯會同時發生，因此串流方式也可用來傳遞實況內容。

不過雖然改善了下載傳送的問題，但是如果想要平穩的處理串流內容，在網路的頻寬上就必須審慎考量，傳送影音內容的位元速率必須低於網路頻寬，如果位元速率高於可用頻寬，播放程式會使用「串流縮小」的技術，將限制串流的傳送，以便能夠配合網路頻寬進行串流的轉譯，因此播放程式可能只轉譯主要的視訊串流畫面配合音訊，造成視訊的動作不連貫，形成類似播放投影片的效果。若位元速率需求大幅超過可用頻寬，視訊播放可能會完全停止，只有聲音部份會繼續播放。

快速串流

這是新一代的Windows Media Services 9系列軟體所提供的功能，整合了串流處理以及下載的優點，透過串流媒體伺服器，使用快速啟動功能來確保用戶端能在串流開始之後，儘快開始播放內容。這個功能讓播放程式能在內容開始播放之前，依網路許可的速度，儘快從伺服器下載及緩衝處理小部份的內容，完成緩衝區的建立後，媒體伺服器就會降低串流的速度，直到它與播放程式的轉譯速度相同為止，對於使用者而言，並不會因為一邊下載，一邊播放的處理方式，而造成視訊媒體在觀看時發生中斷或是延遲的情況。

串流媒體伺服器會利用快取的功能，儘可能以最高的位元速率將所有內容串流處理到播放程式，讓網路壅塞或中斷的情形減至最低，相較於使用一般串流，播放程式會在必要數量的資料做好緩衝處理之後開始轉譯內容，而其餘的資料則儲存在使用者端電腦的暫存快取區內，透過串流處理變動位元速率（VBR）內容的技術，能夠針對所需要的頻寬大小，根據內容的複雜程度進行調整，快速串流可藉由將額外的資料傳送至播放程式以填滿內容緩衝區，在低頻寬的情況下，可以順暢的播放視訊的內容。

目前Windows Server 2003已採用Media Services 9提供串流媒體的服務，透過串流媒體伺服器，進行視訊內容的發行，在目前的網路環境中，能夠營造更多的優勢，尤其在內容的傳送上，可以更有效率的運用網路頻寬，也可以避免影響同一網路環境中的使用者。

5-2　通訊協定與發行方式

視訊媒體在網際網路上傳送時，會根據不同的需求以及作業環境，搭配不同的通訊協定來提供服務，在這一節中將會針對Windows Media所採用的通訊協定進行介紹，分別是「Real Time Streaming Protocol（RTSP）」、「Microsoft Media Server（MMS）通訊協定」以及「Hypertext Transfer Protocol（HTTP）」，另外也會針對兩種不同的發行方式進行解說，對於通訊協定以及發行模式的瞭解，將會有助於媒體伺服器的管理以及視訊媒體的製作。

串流媒體的通訊協定

目前針對Windows Media採用串流技術處理的通訊協定如下：

◆Real Time Streaming Protocol（RTSP）

Real Time Streaming Protocol（RTSP），此通訊協定主要是針對控效的控制以及影音內容的即時資料傳送，將影音內容以單點傳播串流的方式進行傳送，在OSI七層架構中，屬於應用程式層級的通訊協定，支援播放程式控制播放的動作，例如：播放、停止、暫停、回轉、快轉等功能，可以使用RTSP來將內容串流處理至執行Windows Media Player 9系列或Windows Media Services 9系列的電腦。

連線URL的格式為「rtsp://媒體內容的路徑與檔案名稱」，RTSP會為內容自動協議最佳的傳送機制，配合RTP通訊協定使用User Datagram Protocol（UDP），或在不支援UDP的網路上使用傳輸控制通訊協定（TCP）型通訊協定，來串流處理內容。Windows Media Services透過「WMS RTSP伺服器控制通訊協定」外掛程式執行RTSP，在Windows Media Services的預設安裝中，此外掛程式預設為啟用並繫結到TCP連接埠554。

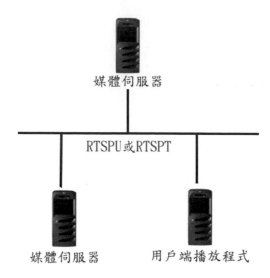

Real Time Streaming Protocol運作架構

◆Microsoft Media Server（MMS）通訊協定

　　Microsoft Media Server（MMS）通訊協定是微軟為舊版Windows Media Services開發的專屬串流媒體通訊協定，當以單點傳播串流處理內容時，可使用MMS通訊協定，能夠支援播放程式控制動作，例如：快轉、回轉、暫停、播放及停止數位媒體索引檔，如果支援使用舊版Windows Media Player的用戶端，則需要使用MMS或HTTP通訊協定為其串流要求提供服務。

　　連線URL的格式為「mms://媒體內容的路徑與檔案名稱」，MMSU和MMST是MMS通訊協定的專用版本，MMSU是一種UDP型通訊協定，它是串流處理慣用的通訊協定，而MMST是TCP型通訊協定，使用在不支援UDP的網路上。

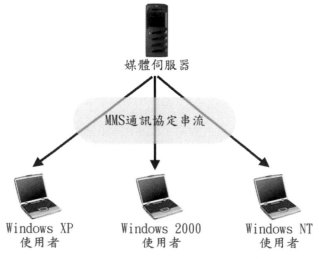

Microsoft Media Server運作架構

◆Hypertext Transfer Protocol（HTTP）

可以使用Hypertext Transfer Protocol（HTTP）從編碼器傳送內容串流到Windows Media伺服器，在執行不同版本Windows Media Services的電腦之間，或以防火牆分隔的電腦之間分佈串流，以及從網頁伺服器下載動態產生播放清單，HTTP對用戶端透過防火牆接收串流特別有用，因為HTTP通常設定為使用大部份防火牆不會封鎖的連接埠80，可以使用HTTP傳送串流到所有版本的Windows Media Player及其他Windows Media伺服器。

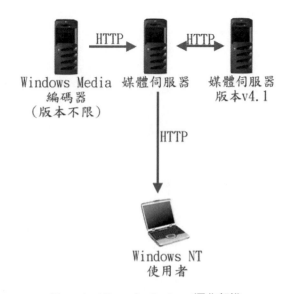

Hypertext Transfer Protocol運作架構

發行方式

目前微軟的媒體伺服器可以提供兩種不同的發行方式，分別是點播與廣播，這兩種類型都可以自多種不同的來源取得所要發行的內容，並且利用串流的方式發行，而同一台伺服器可以同時執行多個發行端點，使用點播或是廣播的方式，能夠依據實際的需求進行組合，如果由使用者端進行播放的控制，則可以使用點播的發行方式，如果要由伺服器進行播放的控制，則使用廣播的發行方式。

◆點播

點播的發行方式，能夠讓使用者控制播放已經過串流處理的內容，這種發行的方式，最常使用於內容來源為檔案、播放清單或是目錄，當使用者連線到發行端點時，

內容就從頭開始播放，使用者可以控制播放程式的播放，能夠掌握媒體的播放方式，當用戶端建立連線，並且開始接收串流內容時，伺服器才會處理串流的內容，不過從伺服端發行到用戶端的內容，會以單點傳播串流的方式傳送。

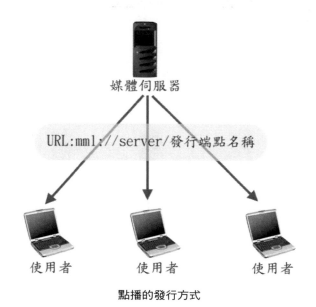

點播的發行方式

◆廣播

如果想要由伺服器上直接控制發行的內容，使用者連上伺服器後，就可以直接收看，而不需要控制播放程式，這就可以使用廣播的發行方式，這種類型的發行端點最常使用於傳送來自編碼器、遠端伺服器或其他廣播發行端點的實況串流。當用戶端連線到廣播發行端點時，該用戶端是在加入進行之中的廣播，例如：如果在11:00的時候廣播全公司的會議，則如果使用者在11:20 A.M.才連線到伺服器，則使用者將無法看到之前二十分鐘的會議內容，在使用者端能夠控制的，僅有啟動與停止串流，無法提供其它的控制功能。

廣播發行端點啟動後，就會開始進行串流處理，不過在有使用者連線時，才會進行廣播的發行，以節省網路與伺服器的資料，透過來自廣播發行端點的串流儲存為保存檔，再利用點播的方式重播原本以廣播方式發行的內容，可以提供使用者更完整的資源。

多點傳播串流是屬於介於媒體伺服器與接收串流的使用者之間一種一對多的關係，利用多點傳播串流，伺服器會串流處理到網路上的某個多點傳播IP位址，使用者則利用訂閱該IP位址的方式接收串流，而所有使用者都會收到相同的串流，不論接收串流的使用者有多少，都只有一個來自媒體伺服器的連線，因此多點傳播串流所需的

頻寬與含有相同內容的單一個單點傳播串流相同，使用多點傳播串流可以節省網路頻寬，對於低頻寬的區域網路相當有用。

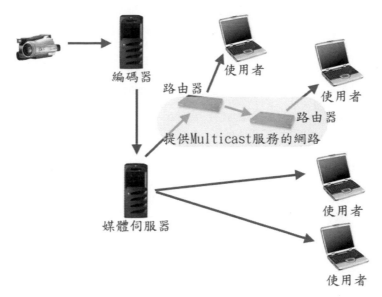

具有Multicast功能的網路環境

　　串流媒體的發行，運用了許多的技術，也需要環境的配合，例如：網路狀態的穩定性等，不過不論使用何種發行方式，都必須確定媒體伺服器能夠正常的提供服務，並且可以取得預備發行的媒體內容。

5-3　認識媒體伺服器

　　媒體伺服器可以提供媒體發行的服務，不過針對網路型態以及需求的不同，對於發行的方式，在規劃與實際的運用上就有些差異，在發行媒體的方式，可以分成點播與廣播兩種，以符合不同的需求，在這一節中將會針對串流媒體伺服器的安裝、疑難排解的資訊進行簡單的介紹，在發行端點的設定方面，在後續的章節中，將會深入進行剖析，並且透過實際的設定瞭解媒體伺服器的運作模式。

串流媒體伺服器的安裝

　　串流媒體伺服器的安全，同樣可以直接使用新增伺服器角色的方式，完成安裝的程序，在安裝的過程中，將會自動安裝相關的元件，並且完成基本環境的設定，在目前伺服器角清單中，直接選擇「串流媒體伺服器」就可以繼續安裝的程序了。

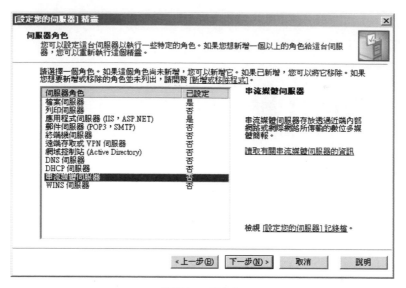

選擇伺服器角色

接著會顯示預備進行的處理程序，不過在進行安裝時，將會依據系統目前的狀態，自動啟動Windows元件精靈，並且需要準備Windows Server 2003光碟以提供安裝程式所需要之檔案。

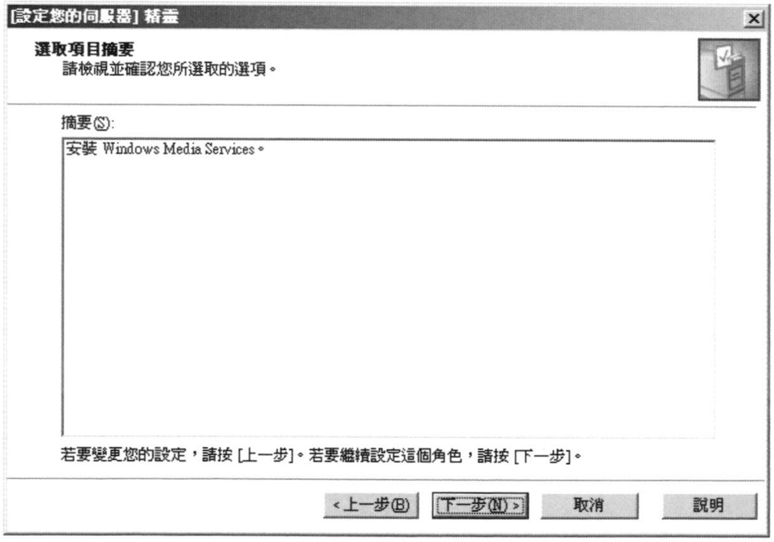

顯示預備安裝的項目

完成角色的新增後，我們就可以在「管理您的伺服器」中，看到安裝好的「串流媒體伺服器」，在管理上可以與其它相關的伺服器整合。

管理您的伺服器

開啟媒體伺服器的管理畫面，在這可以看到一些相關的資訊，選擇想要進行管理的伺服器後，就可以檢視媒體伺服器的狀態、進行快取資料的設定以及發行端點的設定，如果有多台不同的伺服器，也可以進行整合，在同一個管理界面就能夠針對這些媒體伺服器進行維護與環境的設定。

串流媒體伺服器的管理畫面

疑難排解

　　在媒體伺服器中，提供了疑難排解的功能，對於伺服器在運作或是提供影音發行的服務時，伺服器的狀態以及會影響正常運作的情況，都會顯示在疑難排解的清單中，在這提供了事件的類型、發生的日期、發生的時間、伺服器的位置、事件的次數以及與事件相關的敘述，這些資料可以提供系統管理人員進行問題的排解，如果事件的數目較多時，也可以利用篩選的功能進行過濾，可針對特定的事件進行分析，以簡化管理上的麻煩。

疑難排解的服務

　　在後續的章節中，將繼續深入瞭解媒體伺服器的管理與影音媒體發行的設定。

5-4 媒體伺服器的管理與環境設定

Windows Server 2003的串流媒體伺服器整合了狀態監視、廣告設定、屬性設定等多項功能，能夠提供一台或是多台伺服器的管理環境，利用管理畫面就可以快速的切換到需要進行設定的項目，因此透過媒體伺服器的管理界面，就可以完全的掌握目前伺服器的狀態以及娛體內容的發行，在這一節中將針對媒體伺服器的管理以及環境的設定進行深入的介紹。

監視器

在「監視器」的畫面中，顯示了「一般」、「用戶端」、「頻寬」、「廣告」以及「重新整理速率」的設定，這些項目會依據媒體伺服器所設定的作業環境而調整，在日常的維運上，可以直接透過監視器所提供的資訊，瞭解目前媒體伺服器的運作狀況，其中「重新整理速率」主要是針對監視器的資訊進行重新整理，能夠每隔一段時間就自動重新進行資訊的整理，預設值為3秒鐘，可以依據媒體伺服器的服務狀況進行調整。

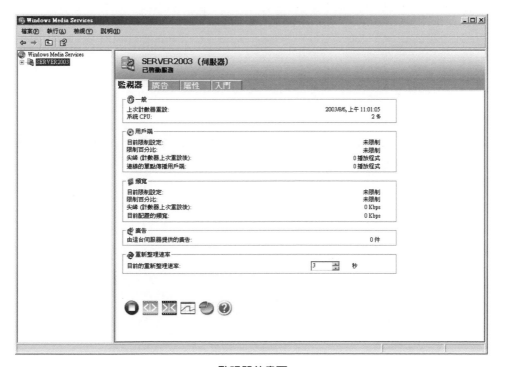

監視器的畫面

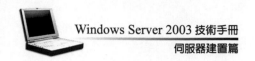

在監視器的畫面中，提供了一個效能監視器的功能，可以直接開啟與媒體伺服器運作時相關的項目進行監視，更深入瞭解目前運作的狀況，顯示的計數器是預設的項目，可以滿足絕大多數維運媒體伺服器時的需求，不過如果想要額外監視其它的項目，也可以利用新增的功能，將其它的計數器加入監視清單。

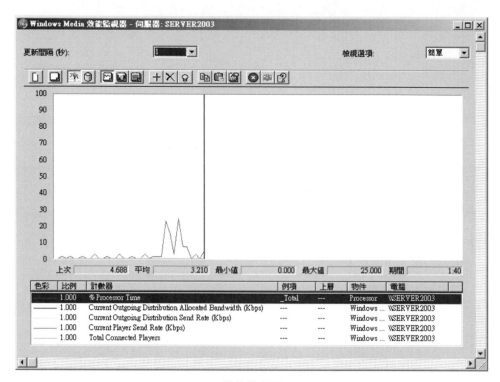

效能監視器

在「監視器」的畫面中，可以進行媒體伺服器的基本管理，包括了「停止服務」、「允許新的單點傳播連線」、「拒絕新的單點傳播連線」以及「重設所有計數器」等功能。

▶▶ 5-14

廣告

Windows Media Services透過使用串流數位媒體，呈現另一種可以提供廣告給使用者的方式，我們可以準備新的或現有的串流廣告內容，將這些內容放置在媒體伺服器，伴隨媒體內容一起發送給使用者觀看，可以主控廣告的內容或是與協力廠商合作，如果主控媒體伺服器上的廣告，那麼廣告內容的處理方式就像處理其他要進行串流的內容一樣，不過為了更有效追蹤廣告內容的使用量，應利用播放清單做為廣告內容的參照。

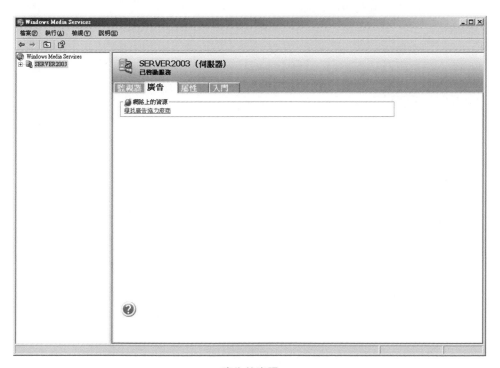

廣告的資訊

如果與其它的廣告協力廠商合作，則可以直接透過微軟所提供的服務，尋找網路上的廣告服務供應，將所提供的廣告內容，以連結的方式建立在播放清單中，這樣的方式可以直接讓使用者取得由廣告廠商所提供的廣告內容，不過播放的方式，仍然由我們掌控。

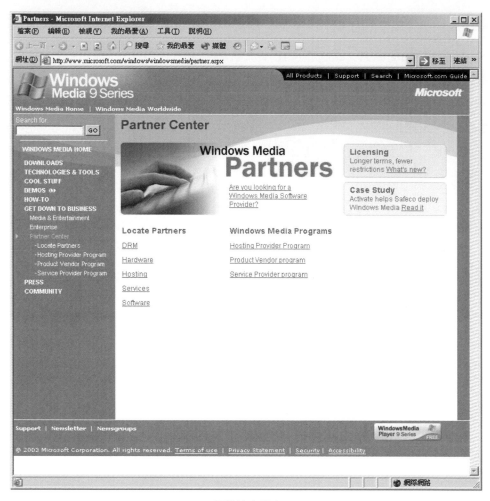

尋找協力廠商

屬性

　　「屬性」的設定，主要是針目前所選擇的媒體伺服器進行環境的設定與調校，在這除了基本的控制項目外，也可以將外掛程式的設定一併整合，因此對於媒體伺服器管理而言，可以直接在屬性的設定中，完成所需要的參數設定，以下將分別針對這些項目進行介紹，這些是媒體伺服器預設的項目，如果有安裝其它的外掛程式，則請參閱該外掛程式的相關說明。

◆一般

　　在一般類別的內容中，主要是顯示目前正在執行的Windows Media Services服務的版本，如果有進行Windows Update時，可以由這判斷是否已完成更新。

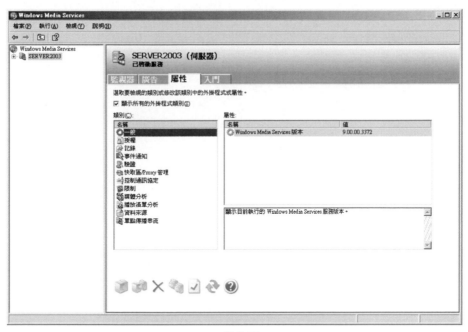

一般內容

◆授權

　　「授權」類別中，預設安裝了三個外掛程式，分別是「WMS NTFS ACL驗證」、「WMS IP位址驗證」以及「WMS發行端點ACL驗證」，點選這些外掛程式時，相關的資訊就會顯示在下方的欄位中，而在外掛程式的清單中，則是顯示目前的使用狀態，配合下方的控制功能，就可以進行啟用、停用、刪除或是進入程式內容的設定。

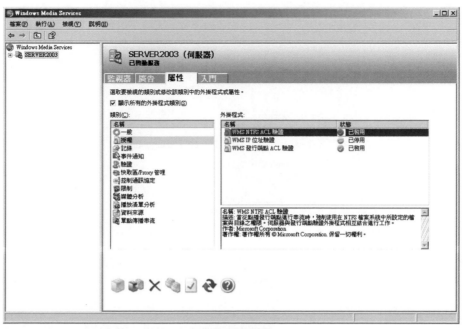

授權類別的畫面

以「WMS IP位址驗證」為例,可以開啟外掛程式的內容,就能夠進行參數的調整了,這些設定將會影響IP位址的存取權限,而其它的設定也會影響不同的授權內容。

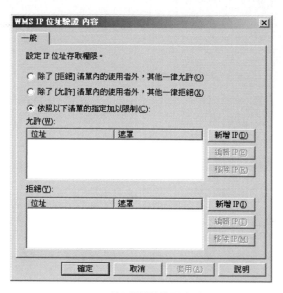

WMS IP位址驗證的設定畫面

配合新增IP位址的功能,就可以進行IP位址的指定,另外也可以透過編輯IP與移除IP的功能,進行IP位址清單的管理工作,完成設定後將會影響媒體伺服器能夠服務的對象。

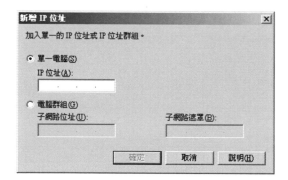

新增IP位址的設定

◆記錄

在「記錄」類別中,目前預設安裝了WMS用戶端記錄的外掛程式,可以讓我們記錄連線單點傳播串流的播放程式活動的資料,對於系統管理而言,可以確定媒體伺服器的運作以及在內容提供的狀況,至於外掛程式的啟用與否,也是在這直接利用控制功能進行設定。

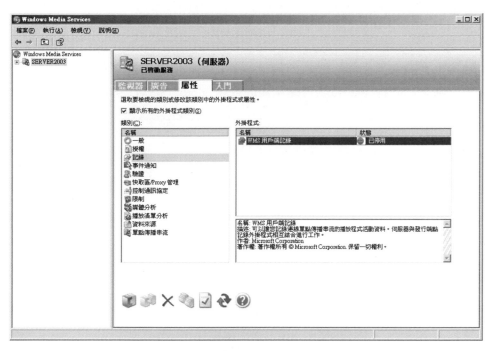

記錄類別的設定

　　進入「WMS用戶端記錄」的內容設定中，在這提供了「一般」、「進階」以及「日誌項目」的設定，在「一般」標籤頁中，可以設定記錄檔的目錄，配合萬用字元可以自動進行檔案名稱的制定，也可以設定日誌循環的期間與循環日誌檔案的功能，主要是針對建立日誌檔的頻率，以往的管理經驗中，大多會每天建立一個日誌檔，對於事件記錄的搜尋會較為容易。

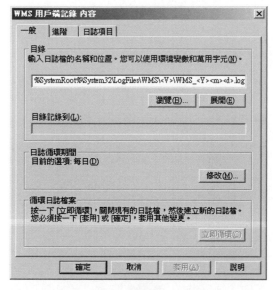

一般設定

在「進階」標籤頁中，則可以設定「時間格式」、「緩衝區」、「檔案格式」以及「日誌格式」，這些設定會影響記錄檔在儲存資料時格式，可以依據系統管理的經驗進行設定，不過建議記錄的格式，最好與其它系統服務的格式相類似，不過除非目前所管理的媒體伺服器中，仍然有採用Windows Media Services 4.1的版本，則必須使用傳統的格式，否則建議都使用「Windows Media Services格式」。

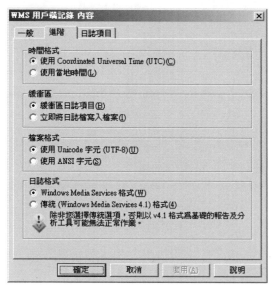

進階設定

在「日誌項目」標籤頁中，可以針對「日誌項目」以及「篩選選項」進行設定，可以從連線到伺服器的用戶端以及從播放程式快取區等來源，建立日誌項目，在這也可以配合基本的篩選功能，進行統計資料的過濾。

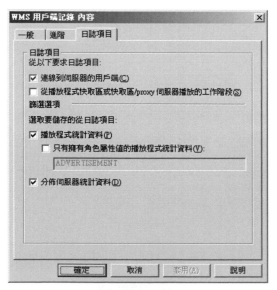

日誌項目的設定

◆事件通知

　　WMS透過Windows Management Instrumentation（WMI），接收所有內部Windows Media伺服器的順暢與安全通知，可以涵蓋本機端或是遠端的電腦，在這提供了兩個預設的外掛程式，分別是「WMS WMI事件處理程式」以及「WMS Active Script事件處理程式」。

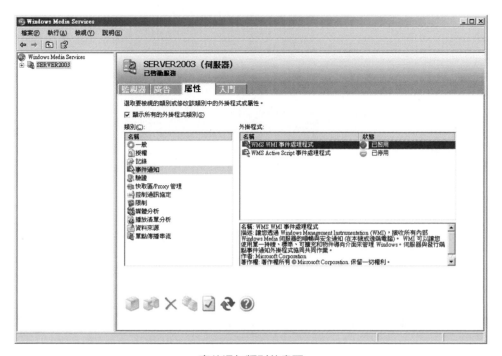

事件通知類別的畫面

　　以「WMS WMI事件處理程式」為例，進入外掛程式內容的設定畫面後，在這可以針對要報告的WMI事件進要選項，將想要知道的類別加入報告的事件記錄中。

WMS WMI事件處理程式的設定

◆驗證

　　針對使用者提供驗證的功能，以確定所有連上伺服器的使用者，在通過驗證的程序後，可以取得媒體伺服器所發行的視訊媒體資訊，在這預設了三種外掛程式，分別是「WMS匿名使用者驗證」、「WMS協議驗證」以及「WMS摘要式驗證」。

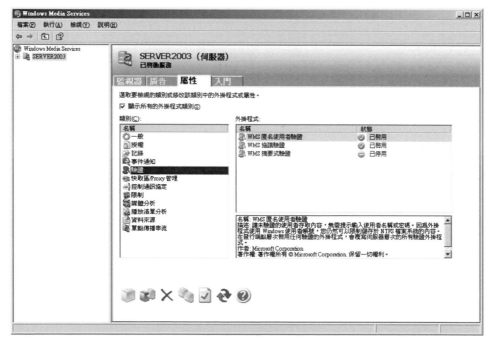

驗證類別的畫面

以「WMS匿名使用者驗證」為例，進入設定的內容的設定後，可以輸入匿名使用者的使用者名稱與預設的密碼，這些資訊將會一併記錄到日誌檔案中，當我們看到這個使用者名稱時，就可以知道這是匿名使用者，不過如果是不允許匿名使用者存取的媒體，則必須審慎的設定匿名使用者的驗證，或是直接關閉對匿名使用者進行的驗證。

WMS匿名使用者驗證的設定

◆快取區/Proxy管理

主要是針對快取串流的發行方式進行管理，透過快取區的管理，讓頻寬的使用更為有效率，關於快取串流的運作方式，可以參考前面章節的介紹，預設並沒有安裝任何的外掛程式，因此可以自行安裝協力廠商所提供的外掛程式。

快取區/Proxy屬性是在處理串流事件期間，用來控制遠端快取區/Proxy伺服器的行為，透過調整這些屬性，使用者就可以指定快取區/Proxy伺服器檢查原始伺服器更新內容的頻率。

Windows Server 2003 技術手冊
伺服器建置篇

快取區/Proxy管理類別的畫面

◆控制通訊協定

　　「控制通訊協定」外掛程式主要是控制媒體伺服器與用戶端之間的通訊協定，透過調整外掛程式屬性的方式，我們可以指定IP位址與連接埠在使用通訊協定時的規則，預設安裝了三個外掛程式，分別是「WMS HTTP伺服器控制通訊協定」、「WMS MMS伺服器控制通訊協定」以及「WMS RTSP伺服器控制通訊協定」，這些通訊協定的分別與特性，在前面章節已詳細的介紹，請自行參閱。

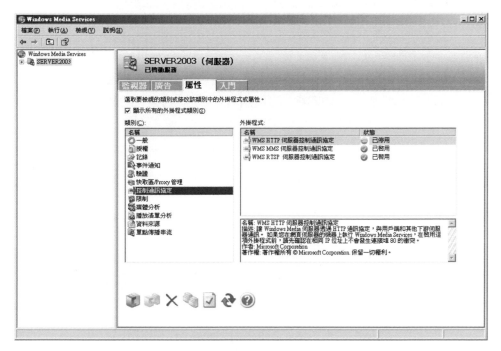

控制通訊協定類別的畫面

以「WMS MMS伺服器控制通訊協定」為例，在這可以針對IP位址與使用的連接埠進行設定，可以允許所有的IP位址，或是由清單中選取想要允許的IP位址，至於連接埠則可以選擇使用預設的連接埠，或是自訂連接埠，不過如果使用自訂的方式，則要避免與其它的通訊協定或是網路服務使用相同的連接埠，以免造成網路服務無法運作的情況。

設定允許的IP位址與連接埠

◆限制

　　針對提供媒體服務時，伺服器對於連線方式、播放方式、頻寬使用等項目可以進行限制，在網路頻寬不足，而使用者的數目較多時，為了確保提供的服務品質，則建議針對特定的項目進行限制，以確保所有的使用者都能夠在較佳的環境中播放所選取的媒體，在屬性清單中，可以看到所有限制項目前的設定情況，不過必須勾選核取方塊，所設定的限制才會發生作用，在設定完成後，必須再次檢視目前伺服器的狀態，以確定發揮作用，或是再依據取得資訊進一步的繼續調整，以調校出較佳的作業環境。

限制類別的畫面

◆媒體分析

　　在「媒體分析」的類別中，提供了三個不同的外掛程式，分別是「WMS MP3媒體分析」、「WMS JPEG媒體分析」以及「WMS Windows Media分析」，這三種不同的媒體，都是目前媒體伺服器中最常見的，啟用這些項目的分析後，可以瞭解串流視訊的傳送方式，對於這些媒體的影響，也可以確定伺服器的運作是否正常，透過這樣的方式，可以控制媒體伺服器對內容進行串流處理的能力。

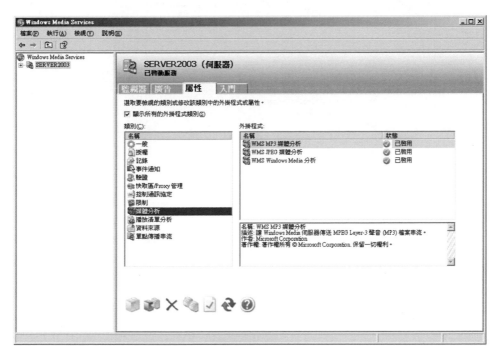

媒體分析的畫面

◆播放清單分析

　　「播放清單分析」的功能，可以讓我們以特定的順序建立媒體內容，利用外掛程式可以將播放清單轉譯成可送至用戶端的內容串流，配合「播放清單分析」外掛程式的控制，媒體伺服器就可以使用不同播放清單格式建立的內容進行串流處理，媒體伺服器預設提供了兩種外掛程式，分別是「WMS目錄播放清單分析」以及「WMS SMIL 播放清單分析」，而其他的播放清單分析可用Windows Media Services軟體開發套件（SDK）產生。

　　「WMS目錄播放清單分析」外掛程式能夠從目錄中對多重內容檔案進行串流處理，而「WMS SMIL 播放清單分析」外掛程式能夠使用Synchronized Multimedia Integration Language（SMIL）式的播放清單。

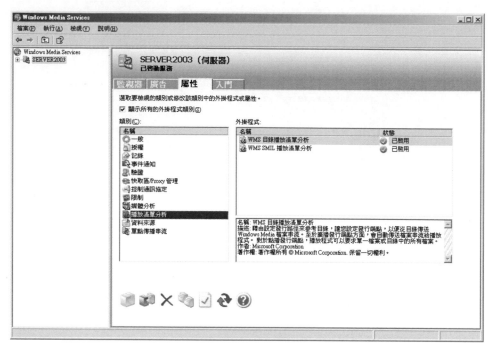

播放清單分析的畫面

◆資料來源

在媒體伺服器中，預設支援了以下幾種資料來源，分別是「WMS網路資料來源」、「WMS HTTP下載資料來源」、「WMS發送資料來源」以及「WMS檔案資料來源」，這些資料來源外掛程式支援大多數常見的串流處理模式。

「WMS網路資料來源」外掛程式，可以發行網路上另一台電腦、或是另一台媒體伺服器上的影音內容，透過這個外掛程式，可以直接進行串流媒體發行的處理，而不需要事先將內容複製到本地端，此外掛程式能讀取從網路傳送的串流資料封包，並使用「控制通訊協定」外掛程式交涉連線到網路來源。

「WMS HTTP下載資料來源」外掛程式，適用在發行端點串流處理的內容是從網頁伺服器擷取的播放清單時，媒體伺服器就可以直接利用這個外掛程式，直接從網頁伺服器傳送播放清單到媒體伺服器，進行媒體發行的動作。

「WMS發送資料來源」外掛程式，適用於發行端點串流處理的內容是從能發送內容的編碼器，編碼器管理員可選擇直接從編碼器廣播，或透過媒體伺服器進行廣播，如果管理員選擇透過媒體伺服器進行廣播，則編碼器能夠連線到媒體伺服器，並且為此用途建立一個廣播發行端點，再經由網路傳送串流到伺服器，正因為是由編碼

器起始連線到伺服器以廣播串流，所以這一類的事件與處理方式，大多稱為「編碼器發送」或「發送分佈」，而此外掛程式的角色，就是維持編碼器與媒體伺服器之間的連線，如果編碼器管理員選擇直接從編碼器廣播，仍能夠使用編碼器連線URL起始連線到編碼器，再廣播串流，此種狀態稱為「編碼器提取」或「提取分佈」。

「WMS檔案資料來源」外掛程式，適用於發行端點串流處理的內容來源位於Common Internet File System（CIFS）時，此時會使用「WMS檔案資料來源」外掛程式存取內容。

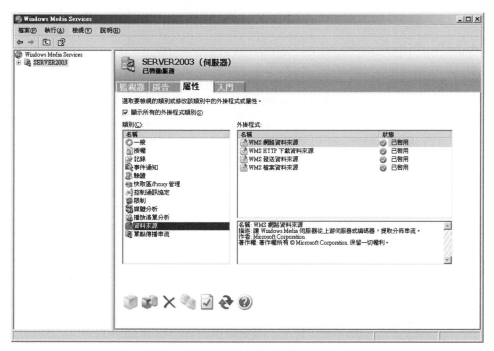

資料來源類別的畫面

以下以「WMS網路資料來源」的設定為例，進入內容設定的畫面中，可以看到通訊協定的設定，選擇傳送的方式，在這可以選擇「UDP」以及「TCP」，也可以進一步的設定Proxy的內容，以提供快取串流的服務。

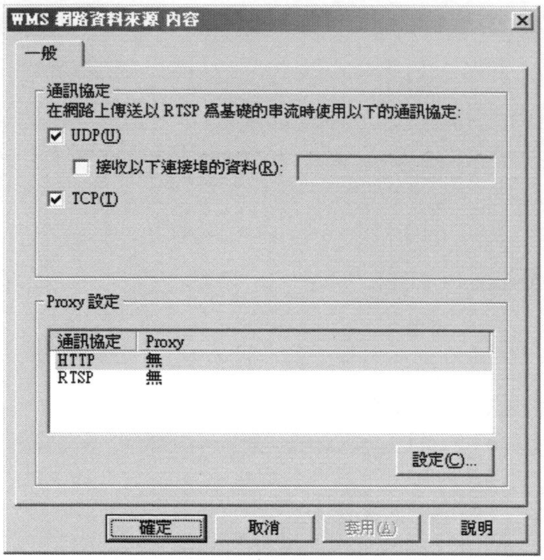

一般內容的設定

　　進入「HTTP通訊協定」的快取設定畫面，在這可以選擇是否使用Proxy伺服器，如果選擇使用，則必須提供伺服器的位址、連接埠，如果是未公開提供服務的Proxy伺服器，還需要輸入驗證的資料，包括了使用者名稱、密碼等資訊，通過驗證後才能夠使用Proxy伺服器所提供的資源。

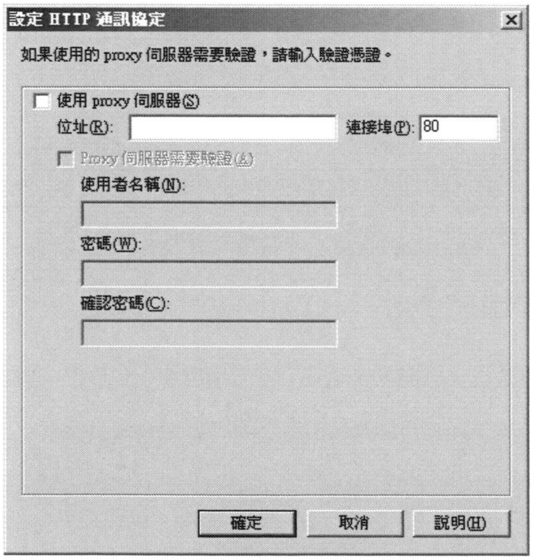

Proxy伺服器的設定

◆單點傳播串流

　　「單點傳播」外掛程式能讓分佈內容使用單點傳播串流，在這提供了「WMS單點傳播資料寫入器」的外掛程式，可以調整單點傳播的運作模式，與進行環境的設定。

單點傳播串流類別的畫面

「WMS單點傳播資料寫入器」的設定內容中，提供了傳送串流使用的通訊協定設定，在這可以選擇「TCP」、「UDP」通訊協定，也可以進一步的設定RTP封包的大小，一般而言使用預設的大小即可，RTP封包大小值設定得太小可能會使媒體伺服器無法傳送串流。

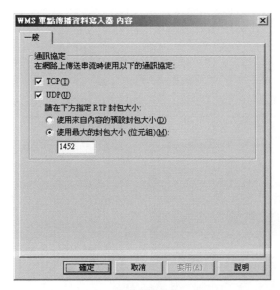

內容的設定

入門

　　在「入門」標籤頁中，提供了三個主要的功能，分別是「測試您的伺服器」、「基本串流案例」以及「Windows Media概念」，這些項目除了測試現有的環境之外，對於大多數使用者，包括未使用過媒體伺服器的人而言，都可以在這找到入門的方法。

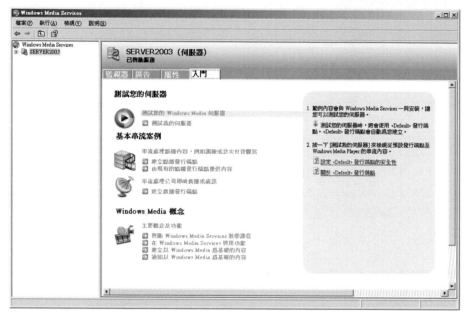

關於媒體伺服器的資訊

　　在完成媒體伺服器的環境設定後，可以利用在這所提供的功能，進行串流媒體的測試，以確定伺服器是否已經正常運作，在這可以設定用戶端與通訊協定，輸入指向內容的URL，接著由使用中的通訊，以及右方的統計資料，可以瞭解目前媒體伺服器的運作情況。

測試串流

新一代的串流媒體伺服器能夠相當多樣化的功能，透過模組化的設計，能夠處理不同的媒體類型，結合不同的內容來源，可以提供使用者更完整的資訊，而結合媒體伺服器的建置，能夠整合這些內容，並且以點播以及廣播的方式發行，使用者只需要透過網路就可以取得這些內容。

5-5　媒體的播放

完成媒體伺服器的建置後，接著就是進行媒體的發行，使用者可以直接利用目前作業系統中所提供的播放程式，就可以接收由媒體伺服器所發行的內容，在後續的章節中將針對發行端點的設定進行介紹，包括了點播以及廣播兩種，能夠符合各種環境的需求。

發行端點的設定

串流媒體伺服器提供了兩種不同的發行方式，分別是「點播」與「廣播」，相對於我們在發行媒體時，就必須瞭解所預備發行的媒體能夠適用的發行方式，確定發行方式後，才能夠順利的完成相關參數與發行環境的設定，以達到最佳化的狀態，透過發行端點，可以將用戶端發出的內容要求進行轉譯，成為主控內容之伺服器中的實體路徑，當用戶端順利連線到發行端點之後，媒體伺服器就會管理所建立的連線，並且依據所提出的要求，進行串流內容的處理。

在發行端點的畫面中，我們可以看到目前已建立好的發行端點，以及目前各個發行端點的狀態，在這可以運用所提供的功能進行發行端點的管理，包括了「新增發行端點」、「移除發行端點」、「啟動發行端點」、「停止發行端點」、「允許新的單點傳播連線」、「拒絕新的單點傳播連線」以及「檢視清單編輯器」等。

發行端點

點播

　　使用「點播」模式的發行端點，提供了「監視器」、「來源」、「廣告」、「通知」以及「屬性」等項目的設定，這些項目可以調整點播內容的傳送、使用者的連線、廣告內容的傳送、串流內容的處理等，以下將簡單的介紹，針對點播模式特定的參數進行解說，一般項目與前面章節介紹過的項目，可參考相關的內容，在此就不再贅述。

◆來源

　　在「來源」標籤頁的設定中，主要是針對內容來源進行設定，在這可以變更內容的類型以及發行的目錄，而下方的清單中，將會顯示目前目錄中的檔案名稱，由類型欄位中可以知道這些檔案的類型。

來源內容的設定畫面

利用「變更」按鈕，可以選擇發行端點串流處理內容的路徑，可以直接輸入或是利用瀏覽的方式，指定目錄所在的路徑，另外在下方的內容類型範例中，也提供了目前最常見的幾種類型，點選後在下方的「範例」欄位中，將會顯示該種類型的檔案，應用在串流內容的處理時，所使用的語法。

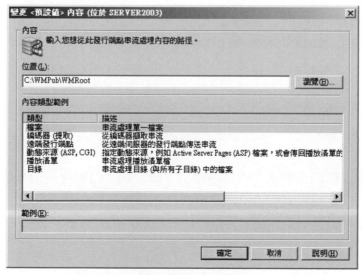

設定串流處理內容的位置

在「來源」標籤頁中，按下「檢視清單編輯器」的按鈕，就可以進行播放清單的建立與管理現有的播放清單，如果想要管理現有的播放清單，則必須提供檔案的名稱，開啟後就可以針對播放清單的內容進行設定，以下以「建立新的播放清單」進行介紹。

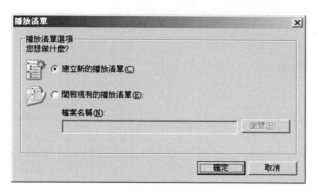

播放清單選項

進行新增播放清單的設定，在這可以輸入不同的參數值，由「新增元件」的下拉式選單，可以直接指定新增的元件類型，包括了「媒體」、「廣告」、「順序」、「切換」、「獨佔」、「優先權類別」以及「用戶端資料」等，可以依據發行的內容進行規劃，再將元件新增到播放清單中，構成一個完整的播放內容。

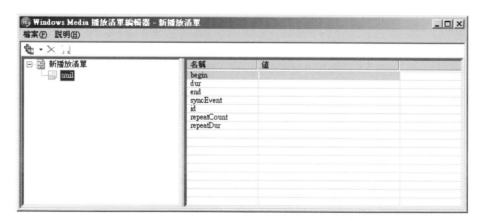

新增元件與參數設定

執行「來源」標籤頁中的「測試串流」按鈕，就可以依據所選擇的項目進行播放的測試，在這可以直接看到提供給用戶端的URL，左下方的畫面會顯示播放的內容，以及所使用的通訊協定，另外右下方將會顯示相關的統計資料。

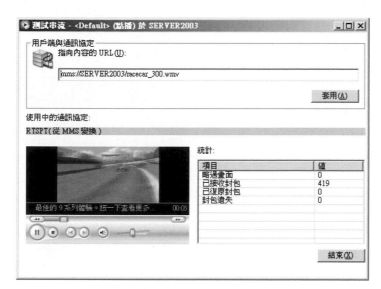

測試串流內容的播放

　　如果想要測試所有目前媒體伺服器的範本，可以開啟serverside_playlist.wsx播放清單進行測試，在測試的過程中，可以注意一下所使用的通訊協定，會因為不同的情況自動進行變換。

◆廣告

　　廣告功能中，提供了「插入式廣告」以及「包裝函式廣告」兩種模式，使用「插入式廣告」，可以在播放清單中將廣告混至其他內容內，播放清單中廣告可以來自本機伺服器或是透過網路取得，例如：廣告供應廠商，不過在使用插入式廣告時，需要注意串流切換、廣告連結、防止使用者略過廣告以及記錄發行端資料等多項因素。

　　使用包裝函式廣告，則使用者在首次連接媒體伺服器，當內容串流結束時提供廣告或其他內容，因此會將該內容納入作為包裝函式播放清單的一部份，利用包裝函式播放清單的管理，可以讓我們自行選擇開始與結束內容作為播放清單的項目，也可以排列播放的順序，對於商業用途的應用方面，能夠提供的功能較為廣泛。

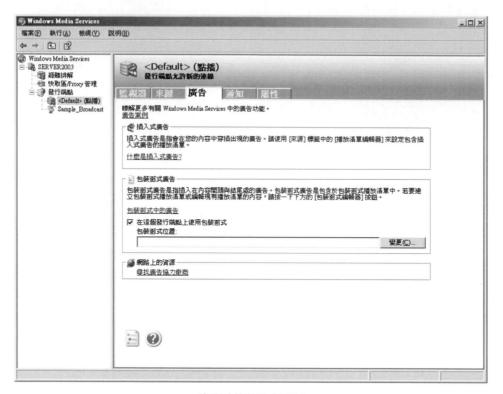

廣告功能的設定畫面

透過包裝函式播放清單編輯器，就可以針對清單內容進行管理，加入所需要的元件，製作出符合需求的播放內容，而這些內容中就可以將廣告的內容，安排到播放內容適用的位置。

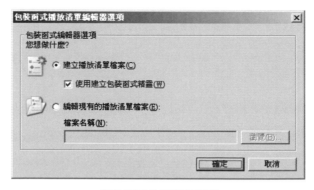

播放清單的新增與編輯

使用建立包裝函式精靈，可以協助我們建立新的包裝函式播放清單檔案，利用新增媒體、新增廣告的方式，將需要播放的內容加入到播放清單中，也可以調整這些內容的播放順序。

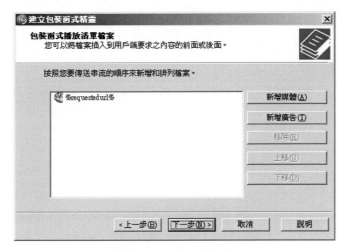

包裝函式播放清單檔案管理

完成播放內容的設定後，接著必須指定包裝函式清單檔案的儲存位置，可以使用預設的路徑，或是自行指定儲存的位置。

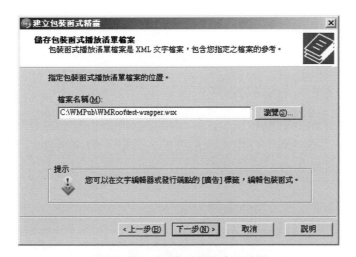

指定包裝函式播放清單檔案的位置

完成包裝函式的建立後，必須啟用才能夠依據所設定好的播放內容進行串流內容的發行。

◆通知

在「通知」標籤頁中，主要是針對連線至單點傳播串流進行設定，分成了三個主要的程序，依序分別是「播放程式可以直接連線至您的內容」、「播放程式可以透過用戶端的播放清單（.asx）進行連線」以及「播放程式可以透過網頁（.htm）檢視廣播」。

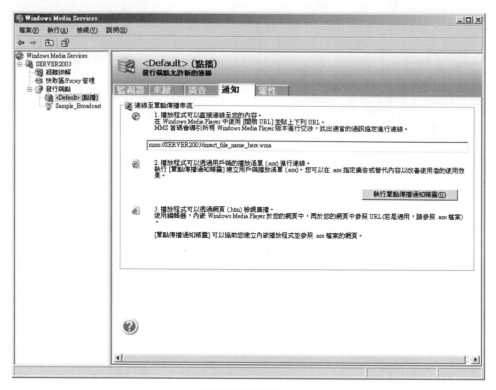

通知標籤頁的設定

在這可以使用單點傳播通知精靈為發行端點建立通知（.asx）檔案，而這個端點為將內容以單點傳播串流的形式傳送，也可以建立網頁，在網頁中包含內嵌的播放程式，這兩種發行方式的差異，可以參考前章節的介紹，配合精靈的引導，再輸入所需要的資訊後，就可以建立單點傳播通知。

設定點播目錄

　　在這可以設定通知檔案名稱和位置，也可以選擇是否建立網頁，建立的資料將會儲存在我們指定的路徑中。

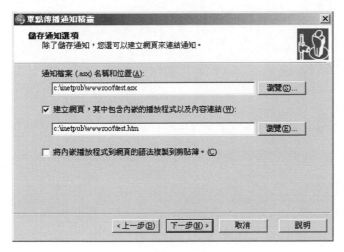

儲存通知的選項

　　完成設定後，可以立即進行相關的測試，包括了「測試通知」以及「測試具有內嵌播放程式的網頁」，不過在進行測試之前，必須確定目前的電腦已經安裝Widows Media Player，這樣才能夠順利進行測試的工作。

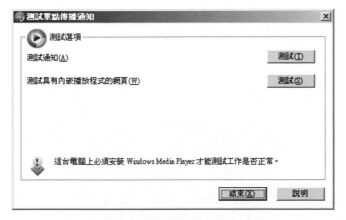

測試選項

　　使用「測試通知」的方式進行內容播放的測試時，可以直接開啟Windows Media Player，並且直接播放媒體的內容，如果可以順利的看到所播放的內容，則表示媒體伺服器可以正常的提供媒體的發送。

使用測試通知的模式

　　如果使用「測試具有內嵌播放程式的網頁」，具會開啟瀏覽器，因為網頁中內嵌了播放程式的元件，所以所發行的內容，會直接在網頁中呈現，不過可以透過所提供的控制按鈕進行播放與停止的控制。

內嵌播放程式的網頁

點播的發行方式，可以直接發送使用者所選擇的內容，可能夠讓使用者控制內容的播放，透過開啟使用者端Windows Media Player或是利用瀏覽器的方式，都能夠接收伺服器所發行的媒體內容，不過在大多數的情況下，比較建議使用另外開啟Windows Media Player的方式，能夠給序使用者較完整的控制權，包括了影像大小的調整等，因為如果使用在網頁中內嵌播放程式的方式，則無法提供部份的功能，不過對於內容播放的控制上，彼此之間並沒有明顯差異。

5-6　多點傳播與廣告代理

多點傳播的方式，將會內容透過串流媒體伺服器同時提供給多個使用者，這些使用者並沒有直接與媒體伺服器建立連線，而是結合提供Multicast的路由器所建構出來的網路環境，而使用者可以藉由監視特定的多點傳播IP位址以及連接埠，來接收媒體伺服器所發行的內容。

環境的設定

以下將針對發行端點進行環境設定的介紹，在所提供的設定功能中，部份與前面章節所介紹的相同，在此就不再贅述了，請自行參閱相關章節的說明。

◆來源

在「來源」標籤頁中，可以設定內容的來源，並且建立播放的清單，而針對每一個內容，都可以透過右方的參數進行設定，以符合實際發行時的需求，利用新增元件的方式，可以加入其它的媒體內容，而加入的內容則會一併顯示在清單中。

內容與來源的設定

　　新增播放的內容類型，包括了「媒體」以及「廣告」，再配合相關的控制，就可以完成內容來源以及播放清單的建立，在完成設定後必須進行測試，以確定所指定內容能夠順利的播放。

新增播放內容

◆廣告

在「廣告」標籤頁的設定中，提供了媒體伺服器發行廣告內容的功能，可以使用
「插入式廣告」以及「包裝函式中的廣告」兩種，這兩種不同的模式，適用於不同的
需求與作業環境，而最後一種發行廣告的方式，則是直接取得網路上的廣告商所提供
的廣告內容。

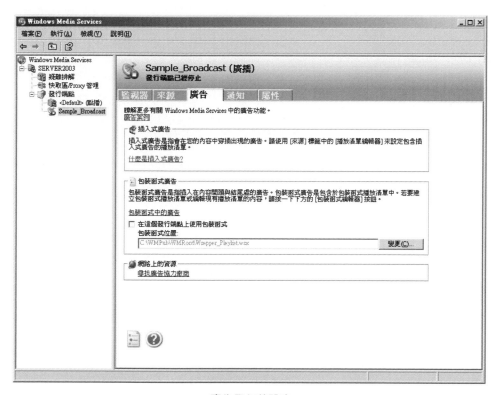

廣告發行的設定

◆通知

在「通知」標籤頁中，提供了「連線至單點傳播串流」以及「連線至多點傳播串流」的設定，「連線至單點傳播串流」的部份，請參閱前面章節的介紹，在此就不再贅述，針對「連線至多點傳播串流」的部份，分成了三個部份，執行多點傳播通知精靈，就可以依照畫面上的指示，提供所需要的資料即可完成設定。

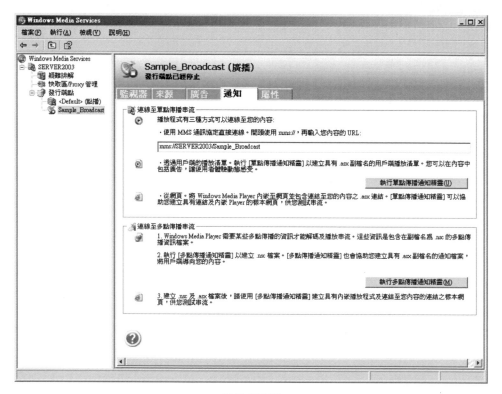

通知的設定

在多點傳播通知精靈中，在選擇要建立的檔案時，可以選擇建立「多點傳播資訊檔案」以及「通知檔案」，也可以同時建立，在這就依據實際的需求進行選擇即可。

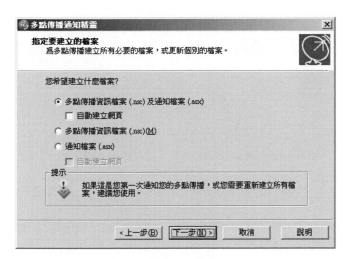

選擇建立的檔案

　　必須指定串流的格式，利用新增的方式，將需要使用的串流格式加入，而移除的功能則可以將目前已加入的串流格式移除。

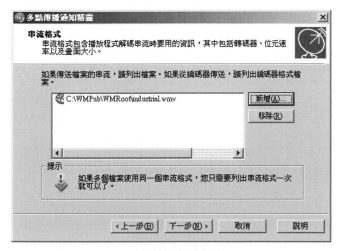

串流格式的設定

　　設定儲存多點傳播通知檔案的名稱以及位置，可以設定的項目包括了「多點傳播資訊檔案名稱」、「通知檔案名稱」以及「具有內嵌播放程式的網頁」，這些項目都必須指定儲存的位置，並且設定好儲存的檔案名稱才能夠正確建立我們所需要的資料。

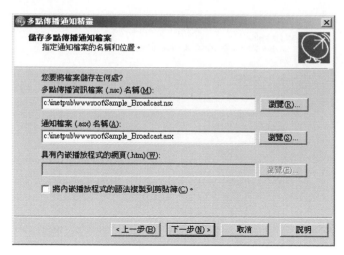

儲存多點傳播通知檔案的設定

　　指定多點傳播資訊檔案的URL，可以選擇播放程式存取多點傳播資訊檔案的方式，包括了「網頁伺服器」以及「網路共用」，在這設定時的路徑以網頁伺服器而言，必須以「http://」開頭，而網路共用則必須以「\\」開頭，後面再接著輸入位址與檔案的名稱。

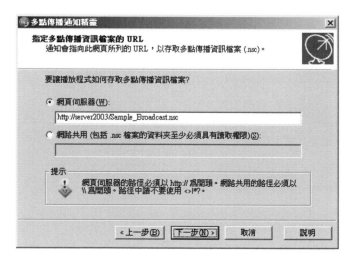

指定多點傳播資訊檔案的URL

　　保存內容的設定，可以讓我們選擇是否要將多點傳播的內容保存下來，如果日後還需要使用這些內容，例如：使用單點傳播的方式發行、發行記錄等，則可以將多點傳播儲存在指定的位置，然後建議直接勾選「發行端點啟動時自動開始保存」的功能。

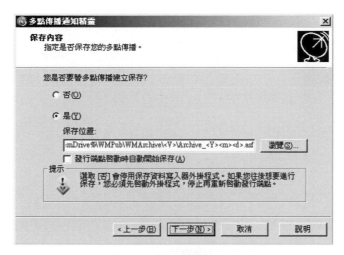

保存內容的設定

　　當完成所有項目的設定後，在最後一個步驟，就可以選擇是否進行測試的程序，一般而言都會進行測試，以確定先前所設定的環境，能夠順利的透過媒體伺服器進行發行。

播放媒體內容

◆屬性

在屬性標籤頁中，提供了廣播發行端點的屬性設定，這些設定的內容部份與點播相同，在這就不再贅述了，以下僅針對新的屬性設定進行介紹，相同的部份請參閱前面的章節。

在無線類別的設定中，提供了「正向錯誤修正」的功能，可以針對發行端送出串流資料，提供要求錯誤修正的功能。

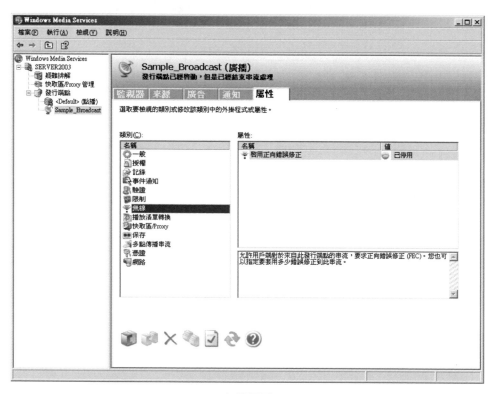

無線類別

在保存類別中，提供了WMS保存資料寫入器，預設是啟用的狀態，可以將廣播內容進行保存的處理，以建立成Windows Media所支援的格式，未來可以再透過點播發行的方式，進行內容的發行，這樣的處理方式，適合將即時發送的廣播內容保存下來，除了做為記錄之外，也可以做為未來進行點播發行的內容。

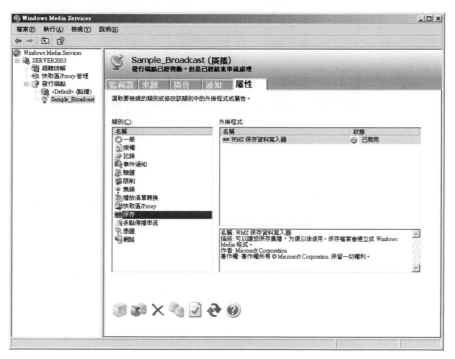

保存類別

在多點傳播串流的類別中，提供了WMS多點傳播資料寫入器的程式，預設是啟用的狀態，可以讓媒體伺服器使用多點傳播傳送模式進行內容的傳送。

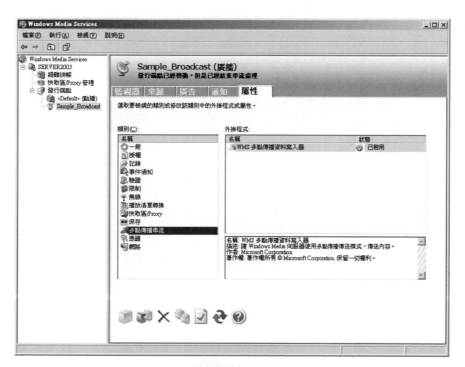

多點傳播串流類別

　　在一般內容的設定中，可以輸入目的多點傳播IP位址和連接埠，在這所輸入的位址，必須是位於多點傳播網段（Multicast）的IP位址，另外也可以選擇是否啟用單點傳播變換。

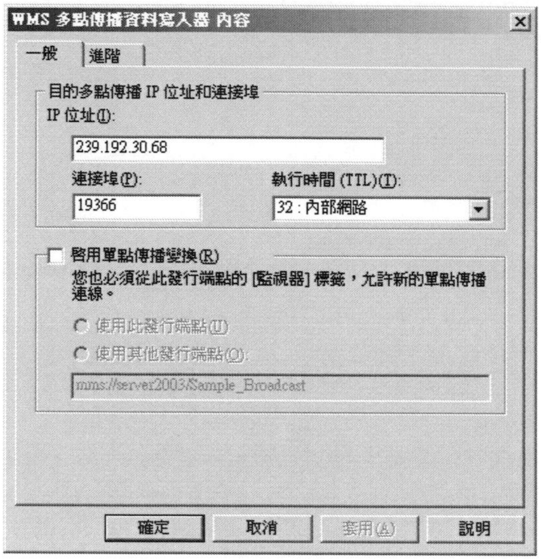

一般內容的設定

　　在進階內容的設定中，則可以輸入多點傳來源的網路介面卡的IP位址，可以直接由下拉式的選單中，選擇目前系統中網路介面所使用的IP位址，再輸入記錄的URL即可。

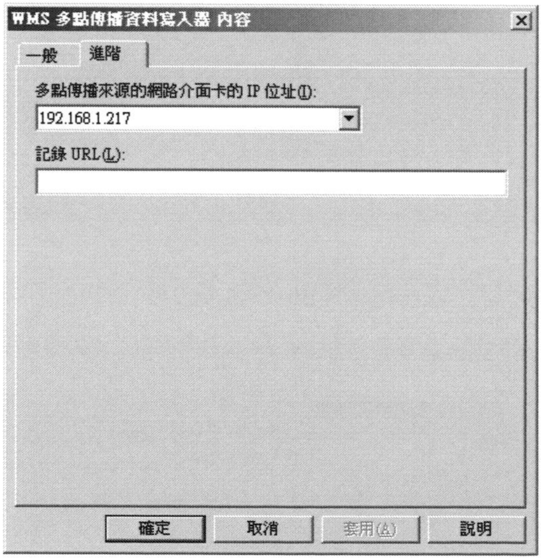

進階內容的設定

憑證類別中，提供了指定分佈憑證的功能，可以選擇是否啟用分佈伺服器來回應來自原始伺服器的驗證查詢。

憑證類別

在憑證內容的設定中，如果要啟用分佈伺服器的驗證回應，則必須輸入使用者名稱、密碼等資料，當需要進行驗證的程序時，可以直接使用所預先輸入的使用者資料進行身份的驗證。

分佈驗證內容的設定

在網路類別的設定中，主要是針對緩衝處理進行設定，緩衝處理機制的啟用與否，會影響使用者與伺服器在傳送串流內容時的處理方式。

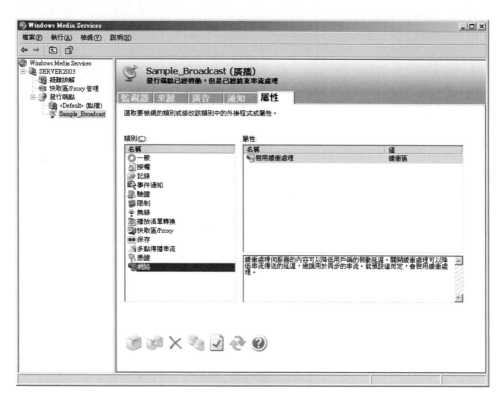

網路類別的設定

在一般內容的緩衝區選項中，提供了兩種不同的模式，分別是「緩衝區內容」以及「停用緩衝處理」這兩種不同的模式適用於不同的場合，因此可以依據實際上的需求來選擇是否使用緩衝處理。

緩衝處理的設定

在這一章中針對串流媒體伺服器，提供了詳細的介紹，包括了伺服器的安裝、設定到發行端點的屬性調校，接著可以繼續進行媒體內容的製作，再透過伺服器發行到網路上，以目前的網路頻寬發展趨勢而言，未來將會進入多媒體的網路時代，因此媒體伺服器的角色相形之下，更顯得格外重要。

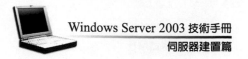

Memo

Chapter **6**

DNS伺服器

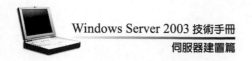

6-1 認識與安裝DNS伺服器服務

DNS伺服器可以稱得上是目前網路世界中必備的服務之一，如果沒有DNS伺服器提供網域名稱與IP位址的轉譯，那大家使用網路時就都得記憶一堆沒有意義的數字了，在未來IPv6的網路環境中，要記憶這些代表網路或是網路服務的IP位址，更顯得不可能，因此DNS伺服器在網路的環境中，扮演著舉足輕重的角色。

DNS 網域名稱區是依據命名網域的樹狀目錄概念，樹狀目錄的每個層級，都可表示樹狀目錄的子目錄或分葉，子目錄是使用多個名稱來識別已命名資源之集合的層級。分葉表示在該層等級使用一次的單一名稱，以指示1個特定的資源。

在這一節中，將介紹DNS伺服器的運作模式，透過層階式的分散管理機制，提供網域名稱的解析，將使用者引導到提供服務的主機，也讓主機能夠順利的提供服務，網域名稱系統（DNS）伺服器掌管分散式DNS資料庫的記錄，以及使用它們掌管的記錄來解析DNS用戶端電腦傳送之DNS名稱查詢，例如網路中或網際網路上之網站或電腦名稱的查詢，完成查詢的程序後，才能夠確定目標主機的IP位址，服務的連線才能夠建立。

安裝DNS伺服器的考量

在安裝DNS伺服器之間有相當多的考量，主要是網路規模的大小以及網路的環境規劃，以下針對這些考量的重點，依照不同的目標與對象，提供了一些考量的因素供大家參考。

◆針對所有的組織

考量因素	說明
DNS伺服器與Active Directory	確定目前的網路環境中是否有Active Directory的建置，如果有則必須針對兩者之間的搭配問題進行瞭解。
DNS伺服器安全性的考量	DNS原先就被設計成開放的通訊協定，而且又是對外提供的服務，因此很容易遭到來自網路上的攻擊，而Windows Server 2003所提供的DNS伺服器，採用新的安全架構，可以提供安全原則等項目的設定，以提昇伺服器整理的安全性，因此在進行DNS伺服器以及其它由伺服器所提供的服務時，在變更安全性原則上必須特別的留意。

◆針對小型組織

考量因素	說明
主要的DNS網域名稱伺服器	對於小型的組織而言,透過網域名稱進行網路環境的管理,可以節省管理的複雜度,因此必須進行DNS伺服器的建置,如果目前的組織已有網站或是網域名稱,則可以使用現有的網域名稱,例如:yilang.org,再建立一個group的子網域名稱,例如:group.yilang.org。
確認DNS伺服器與IP位址註冊狀態	為了確定我們所架設的DNS伺服器能夠結合到網際網路上,不管是網路上使用的IP位址或DNS網域名稱都必須有授權的網際網路登錄器之註冊,這些組織負責IP位址及DNS網域名稱的指定,以及維持這些指定的公開記錄,可以向ISP業者查詢或是網域註冊機構查詢。
透過網際網路登錄來註冊所使用的DNS網域名稱	即使在內部網路中調配DNS,如果要連上網際網路,也必須註冊一個DNS網域名稱,如果沒有註冊名稱,當想要透過網際網路提供服務時,就需要一個已經註冊的名稱。
瞭解此DNS伺服器掌管的第一個DNS區域名稱與您註冊的DNS網域名稱相同	當您設定DNS伺服器角色,必須定義第一個DNS區域,DNS伺服器會使用在網路中的DNS網域之網域名稱,例如:group.yilang.org進行管理。
取得ISP所掌管的一個或更多DNS伺服器之IP位址當成轉寄站	完成轉寄站的設定,可以當DNS伺服器查詢不到網路上使用者所提出的查詢時,轉寄到ISP業者的DNS伺服器進行查詢的處理。

◆針對大型組織的分公司

考量因素	說明
DNS網域名稱的管理架構	一般而言會將不同的部門,或是有地域區隔的辦公室,透過子網域的方式進行管理,分公司的第一個DNS網域名稱,會規劃為總公司的子網域名稱伺服器,例如:group.yilang.org為總公司所使用的網域,則分公司的DNS伺服器所使用網域則可以設定為tainan.group.yilang.org,不過使用這樣的機制時,務必確認DNS網域名稱已從總公司進行委派的設定。

對Active Directory目錄服務的支援需要DNS伺服器配合,因為如果在伺服器上安裝Active Directory,找不到符合Active Directory環境需求的DNS伺服器時,將會自動安裝及設定DNS伺服器。

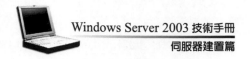

DNS的安全問題

因為DNS伺服器是對外提供服務的伺服器，因此經常會變成駭客攻擊的目標，以下介紹一些駭客在攻擊DNS伺服器時，經常使用的方法：

◆資料蒐集

這是一種攻擊者藉以取得DNS區域資料的程序，這些資料可以提供攻擊者DNS網域名稱、電腦名稱以及機密網路資源的IP位址，一般而言駭客會透過DNS進行資料的查詢，再利用這些資料進行網路分析，完成後之再展開實際的攻擊行動，例如：可以先確定某一網段提供網路服務的主機位址，這些資訊都可以直接由DNS伺服器取得，而且絕大多數的主機服務類型，都可以直接由網域名稱得知，例如：www、ftp、mail等，因此更提高了被攻擊的可能性。

◆拒絕服務攻擊

駭客可以利用事先植入後門程式的電腦，在同一時間向特定的DNS伺服器提出網域名稱解析的要求，大量的資料到達伺服器時，經常造成伺服器CPU負載過高，造成當機或是效能變差的情況，對於正常的使用者而言，所需要的DNS服務，就無法直接查詢到目標主機的位址，造成服務的中斷，這種並未實際入侵伺服器，就能夠造成服務中斷的手法，為目前網路上常見的攻擊方式之一。

◆資料修改

駭客完成資料的蒐集後，並且試著利用自行建立的封包向DNS伺服器發送，這些封包看起來像是來自網路上正常的IP位址封包，如果取得正確的IP位址，則駭客可以進一步的取得資料，或是進行資料的修改。

◆重新導向

駭客利用DNS伺服器更新資源記錄的特性，重新導向到自行建立或是控制的DNS伺服器，這種攻擊會提供錯誤的DNS轉譯，造成使用者查詢到錯誤的資料，而無法連線到正確的目標主機，這主要的是因為駭客能夠擁有對於DNS資料寫入的存取權限，也就是DNS伺服器上開啟了不安全的動態更新功能而導致的結果，因此在建置DNS伺服器時，對於這些安全性原則的設定，需要特別留意。

DNS伺服器的安裝

　　DNS伺服器的安裝，可以直接利用新增伺服器角色的方式，由伺服器角色的清單中，可以看到目前伺服器的設定狀況，選擇「DNS伺服器」後，就可以進行安裝的程序，在安裝的過程中需要使用到Windows Server 2003原版光碟。

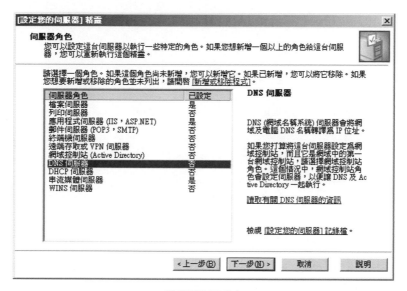

新增伺服器角色

　　確定安裝的伺服器後，將會顯示安裝所選擇的伺服器時，需要一併安裝的項目或是進行的程序，在安裝DNS伺服器後，將會執行設定DNS伺服器精靈，進行環境的設定。

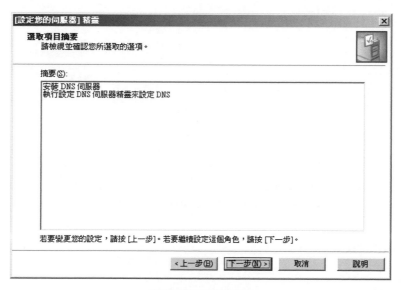

預備進要安裝的項目

在安裝的過程中，將會自動新增DNS伺服器運作時所需要的元件，並且進行檔案的複製以及環境的設定，在這個階段需要提供Windows Server 2003的原版光碟。

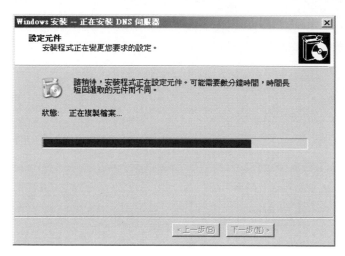

複製相關檔案

完成安裝的程序後，將會將DNS伺服器整合到「管理您的伺服器」畫面中，與其它目前已安裝的伺服器整合，透過相同的管理界面，就能夠管理這些伺服器，可以減輕系統管理人員的負擔。

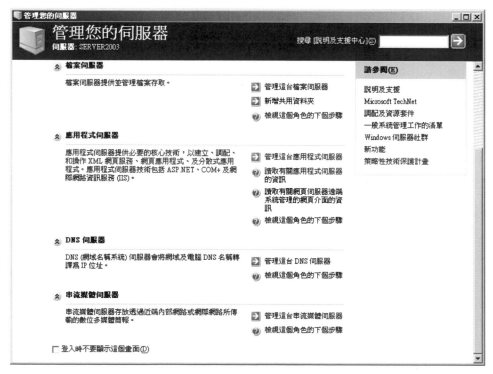

管理您的伺服器

在這一節中，針對DNS伺服器的功能以及所扮演的角色做了詳細的介紹，以目前網際網路的世界而言，DNS伺服器的角色是相當重要的，在後續的章節中，將繼續進行DNS伺服器的設定，包括了正解、反解的設定等，這些項目都會影響DNS伺服器能夠正確的提供名稱解析的服務，當使用者啟動的網路服務需要使用名稱解析時，DNS伺服器必須正確的進行處理，以確保所提供的網路服務，例如：Web站台，可以正確的指向提供服務的伺服器。

6-2 DNS伺服器的設定

在完成伺服器的安裝後，接著將會進行伺服器環境的設定，透過新增DNS伺服器角色的方式，完成相關檔案的複製後，將會自動執行設定DNS伺服器精靈，以協助我們完成DNS伺服器初始環境的設定，在開始進行前，必須對於DNS伺服器的運作方式、正向以及反向對應以及所預備使用的Domain Name等，都必須事先完成規劃，在設定的過程中，才能夠順利的提供設定精靈所需要的資訊。

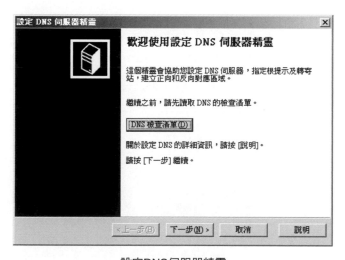

設定DNS伺服器精靈

在這必須選擇所要進行的設定程序，分成了「建立正向對應區域」、「建立正向和反向對應區域」以及「只設定根提示」等三種不同的程序，以一般的應用而言，例如：web網站位址的解析，只需要建立正向對應區域即可，不過在一些較大型的網路，或是校園網路中，會再根據正向對應的位址，反向進行查詢的程序，因此在設定之前必須先確定本身的需求，一般而言會建議直接建立「正向和反向對應區域」的環境，以下使用「建立正向和反向對應區域」的設定程序進行介紹。

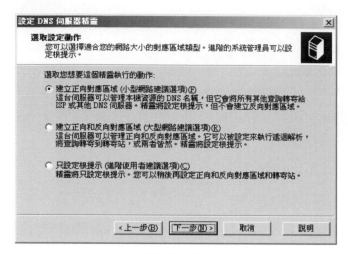

選取設定動作

　　首先進行正向對應區域的設定，建立正向對應區域後，可以直接將DNS名稱轉譯成IP位址與網路服務，這項功能對於目前的網路環境而言，算是必要的服務項目之一，在這我們選擇新增正向對應區域。

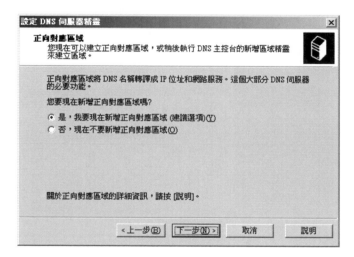

正向對應區域

　　接著必須選擇區域的類型，如果目前的網路環境中，尚沒有DNS伺服器，則可以選擇建立「主要區域」，完成主要區域的建立後，就可以提供使用者DNS解析的服務了，而「次要區域」的規劃，在目前的網路環境也是必要的，因為如果主要的DNS伺服器發生問題，無法正常的提供名稱解析的服務時，第二台DNS伺服器就顯得相當重要，能夠替代原本提供服務的DNS伺服器，以提供系統管理人員可以處理問題的時間，而不會因為DNS伺服器無法提供服務，而影響所有的使用者，因此在建置DNS伺

服器的規劃上，都必須先完成主要DNS伺服器的建置，接著再完成次要DNS伺服器的
設定，以提供備援的機制，而次要區域的伺服器將會每隔一段時間，就向主要區域的
DNS伺服器進行資料的更新，以確保資料的一致性。

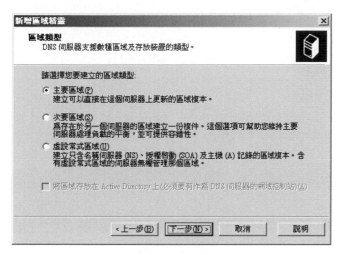

選擇安裝的類型

在這必須輸入區域的名稱，這不是DNS伺服器的名稱，例如：yilang.org或是
information.yilang.org等，這是網域的名稱。

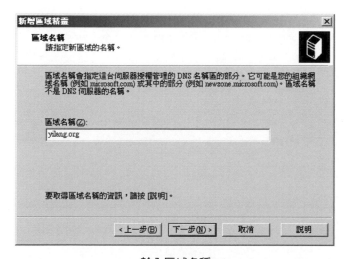

輸入區域名稱

建立新的區域檔案，如果先前在其它的DNS伺服器有這個名稱的設定檔案，也可
以直接複製過來，如果沒有就選擇「用這個檔案名稱來建立新檔案」，設定精靈將會
自動產生所需要的檔案。

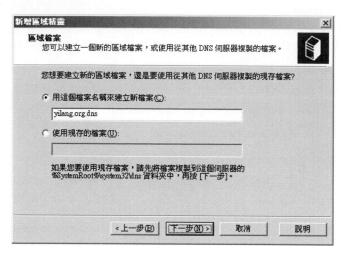

區域檔案的設定

　　設定動態更新的方式，可以更新使用DNS伺服器的使用者，在DNS伺服器設定變更時，是否要進行登入並動態更新資源，一般而會與Active Directory協同運作，如果目前沒有Active Directory的建置，則建議設定成「不允許動態更新」，由系統管理人員手動進行更新的程序，以避免造成安全上的顧慮。

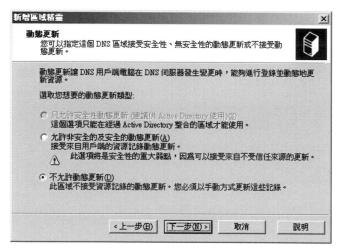

動態更新的設定

　　完成正向對應區域的設定後，接著在這必須確定是否立即進行新增反向對應區域的設定，在DNS的管理界面中，仍然可以進行相關的設定，反向對應區域，可以將IP位址轉譯成DNS名稱，在部份的網路環境中，正向以及反向對應同時使用時，對於使用者的來源可以進行稽核，確定使用者的DNS名稱與IP位址是否一致。

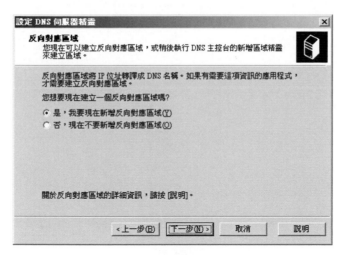

反向對應區域

　　在區域類型的選擇中，同樣必須選擇建立的區域類型，提供了「主要區域」、「次要區域」以及「虛設常式區域」三種類型，如果目前的尚未建立任何的DNS伺服器，則選擇「主要區域」，如果備援的DNS伺服器，則選擇「次要區域」。

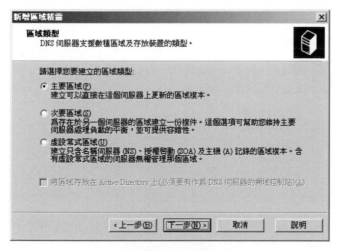

區域類型的選擇

　　輸入反向對應區域的名稱，在這可以使用「網路識別碼」或是「反向對應區域名稱」的方式輸入，網路識別碼是目前所使用的部份IP位址，以正常的順序輸入即可，輸入後將會自動產生反應對應區域的名稱，名稱有特定的格式，如果要自行輸入，則必須依照標準的格式。

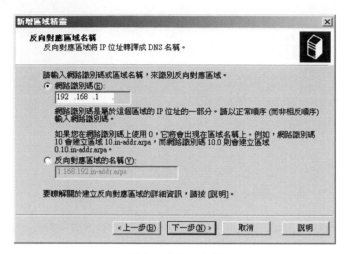

反向對應區域名稱

　　區域檔案的設定，可以建立一個新的區域檔案，或是使用先前在其它DNS伺服器中所設定好的檔案，如果目前沒有這個檔案，則可以選擇「用這個檔案名稱來建立新檔案」，設定精靈將會自動產生所需要的檔案。

區域檔案的設定

　　與正向對應區域的設定一樣，都必須指定動態更新的方式，一般而言如果沒有Active Directory環境的建置，都會直接選擇「不允許動態更新」的類型，以確保資料的安全性，不會輕易被異動，如果需要進行更新時，則由系統管理人員進行處理。

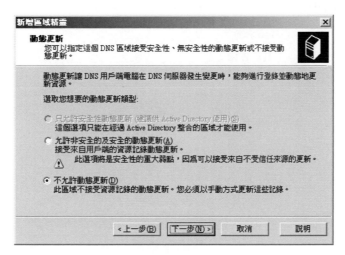

動態更新的設定

　　轉寄站的設定，主要是針對無法查詢到的資料，是否轉寄給其它的DNS伺服器，否則也可以直接向根名稱伺服器進行名稱的解析，如果沒有轉寄站的建置，則可以直接由根名稱伺服器進行處理，讓網路上其他DNS伺服器將它們無法於本機解析的查詢轉寄到該DNS伺服器，透過使用轉寄站的機制，就可以針對網路之外的名稱進行解析，也可提高網路中電腦名稱解析的效率。

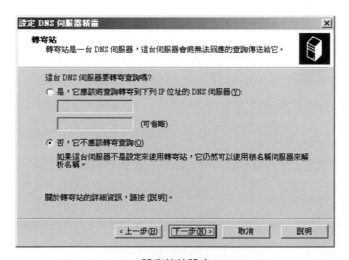

轉寄站的設定

　　完成所有的設定項目前就可以看到完成設定的畫面了，在這顯示了先前所設定的項目，包括了DNS伺服器的設定，建立正向對應區域的名稱以及建立的反向對應區域的名稱，如果沒有問題則可以按下「完成」按鈕，以完成整個設定的程序，在這仍然可以回到先前的步驟進行修改，或是在完成設定後，直接由DNS伺服器的管理界面進行修改。

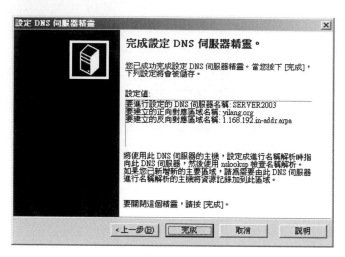

完成環境的設定

　　DNS伺服器的安裝與設定可以透過精靈的引導，就能夠輕易的完成，不過在設定的過程中，牽涉到DNS伺服器的運作機制，因此對於DNS伺服器所扮演的角色、正向區域對應以及反向區域對應，甚至與Active Directory關係的瞭解，在整個設定的過程中是相當重要的。

6-3　DNS伺服器的管理

　　DNS伺服器的管理，是相當重要的一部份，正確的設定可以提供正確的名稱解析，以確保使用者可以順利的取得所需要的服務項目或是存取網路主機的資源，在管理界面中，在這可以提供事件檢視、正向對應區域以及反向對應區域的設定，在這一節中將針對這三個主要的類別進行介紹。

DNS伺服器的管理畫面

事件檢視器

　　事件檢視器，可以提供DNS伺服器的運作情況，針對伺服器的運作而言，可以協助系統管理人員瞭解目前的設定或是環境，能否符合使用者的需求，另外由事件的記錄中，也可以確定DNS伺服器的運作是否有問題，如果發現問題就可以直接針對問題的類進行解決，因為DNS伺服器是網路上相當重要的一個角色，不能夠發生中斷服務的情況。

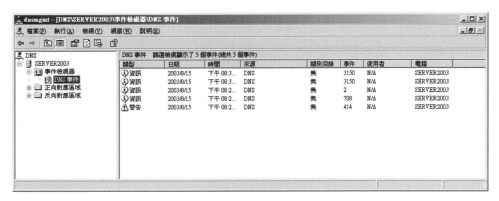

事件檢視器

正向對應區域

　　在向對應區域中，顯示了目前已建立的網域，而每個網域的設定狀況，則顯示在右方的記錄區，預設會包含兩筆記錄，分別是「啟動授權（SOA）」以及「名稱伺服器（NS）」，這兩個設定是必要的，在建立網域時就會自動產生，在正向對應區域中，提供了多項管理功能，可以讓我們新增主機、新增別名、新增郵件交換程式、新增網域、新增委派以及新增其它記錄的功能，以下將分別針對這些功能進行介紹。

正向對應區域

◆新增主機

　　使用「新增主機」的功能，可以替其它的伺服器或是網路服務進行註冊，例如：www、ftp、mail、bbs等，這些名稱可以自行設定，不過一般對外服務的伺服器或是網路服務，大多會使用一般化而且是大家慣用的表示方式，輸入名稱後，接著必須輸入指向的IP位址，在這也可以選擇是否建立關聯的指標記錄，在完成名稱的輸入後，在完成符合規劃的網域名稱欄位，將會自動出現完成的網域名稱，當使用者輸入這個網域名稱時，就會自動對應到所指定的IP位址。

新增主機的設定

　　完成新增主機的設定後，在正向對應區域的網域中，將會顯示剛剛所設定的主機資料，由類型欄位可以再次確定所建立的類型為「主機（A）」，而對於的IP位址則顯示在「資料」欄位中，利用相同的方式，我們可以為ftp站台、bbs站台或是其它的伺服器，以及主機類型的方式，建立正向區域的對應。

新增主機的對應

◆新增別名

在新增別名的設定中，可以為目標主機建立另一個別名，只需要輸入「別名」資料，然後再選擇目標主要即可。

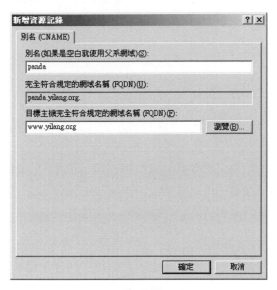

別名的設定

利用「瀏覽」的功能，可以快速的找到目前已設定的記錄，直接由記錄清單中，選擇想要指定別名的主機即可。

主機的指定

完成別名的設定後，在正向對應區域的記錄畫面中，也會出現別名類型的記錄，在這可以讓我們確定所設定的資料是否正確。

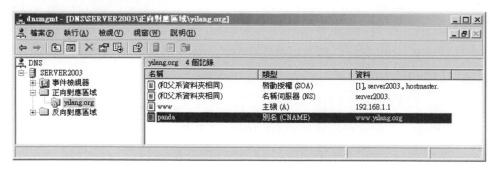

正向對區域的記錄

◆新增郵件交換程式

　　郵件服務是目前網路上最常用使用的服務之一，而DNS伺服器上的郵件交換程式設定，會影響到郵件在交換的過程中，是否能夠依照預設的交換方式進行，尤其在建置多台郵件伺服器的情況下，更顯得重要，因為郵件伺服器在發生問題時，可由第二順位的郵件伺服器提供使用者服務，而不會影響到郵件的交換，關鍵就在於DNS伺服器上MX的設定，如果有兩個以上的mail伺服器，則在設定郵件交換程式（MX）時，除了需要注意網域名稱的設定外，對於優先順序也必須留意，必須指定不同的順序，例如：10、20等，當實際運作時，將會由數字較小的郵件伺服器提供服務，只有當這台郵件伺服器發生問題，才由第二順位，也就是數字第二小的郵件伺服器接手，繼續提供服務，這樣的模式就不會造成服務中斷的情況。

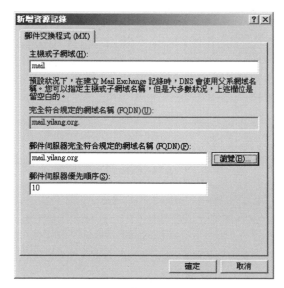

郵件交換程式的設定

完成郵件交換程式的設定後，如果設定兩台以上的資源記錄，則必須注意優先順序的問題，在記錄的清單中可以由資料欄中括號的數字得知，數字越小的主機，將會優先提供服務。

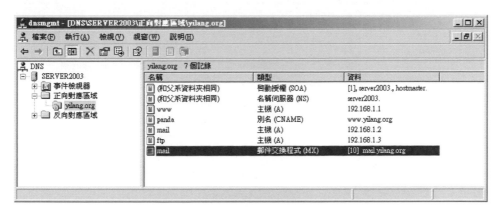

正向對應區域的記錄

◆新增網域

新增網域的功能，可以在目前的正向對應區域中，新增一個網域，屬於目前這個網域的子網域，在這只需要輸入DNS網域的名稱即可，在運作的環境中，這個子網域也會有自己建立的伺服器，以提供屬性這個網域中的使用者相關的需求，因此新增網域的功能，大多會應用在公司內部的不同部門，或是分公司等，以網域名稱的不同做為區隔，但是這些網域能夠自行建置所需要的伺服器，不一定要與目前的網域使用相同的伺服器，以DNS伺服器而言，子網域的伺服器進行資訊的更新時，必須向父系網域的伺服器進行查詢，彼此之間有層次的關係。

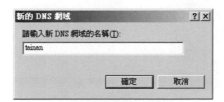

輸入網域的名稱

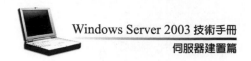

建立好的子網域也會顯示在記錄項目中，進入後同樣可以使用新增主機、新增別名等服務。

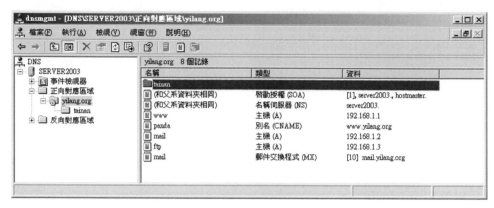

完成網域的新增

◆新增委派

將DNS伺服器的工作，部份委派給其它的伺服器進行處理，除了可以減輕伺服器本身的負擔外，也可以簡化管理的工作，由不同的系統管理人員分別負責不同的部份，以問題的確認與系統的管理而言，可以透過區域的劃分而減少處理的時間。

新增委派精靈

　　在這必須提供委派網域的資料，完成設定後這個網域將會被授權由其它的伺服器提供服務。

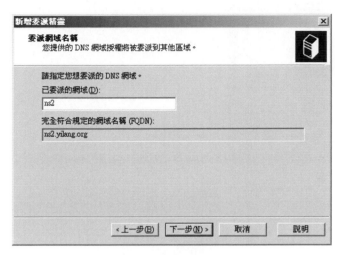

輸入已委派的網域

　　接著必須輸入另一台網域名稱伺服器的網域名稱與IP位址，有了這些資料，才能夠識別名稱伺服器。

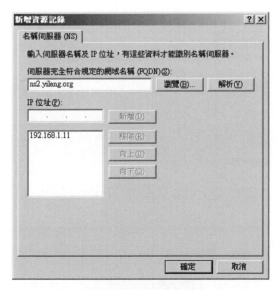

輸入名稱伺服器的資料

完成委派的設定後，最後將會顯示指定委派的名稱，讓我們確定設定是否正確。

完成委派的新增

◆新增其它記錄

對於DNS伺服器而言，除了一般化的記錄之外，還可以另外新增其它的主機記錄類型，例如：IPv6主機等，這些記錄類型可以提供DNS伺服器更多樣化的功能。

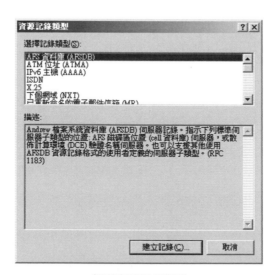

新增資源記錄類型

DNS伺服器已經支援一些未來可能使用到的協定，例如：IPv6，因為位址的增加，相對也讓DNS伺服器的角色更為重要，以IPv6與IPv4相較之下，應該沒有人會去記憶IPv6的位址，這是相當困難的一件事，因此IPv6的解譯能力，就成為DNS伺服器必備的功能之一。

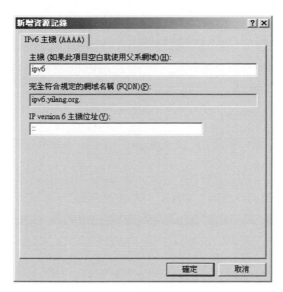

IPv6的設定

反向對應區域

　　反向對應區域的設定，主要是提供IP轉譯成Domain Name的功能，在部份的網路環境中，會要求建立完整的反向對應區域，才能夠使用網路上的服務，因此是否需要建立反向對應區域，必須依據所處的網路環境而定，不過目前大多在建立DNS伺服器時，除了正向對應區域之外，都會一併完成反向對應區域的建置。

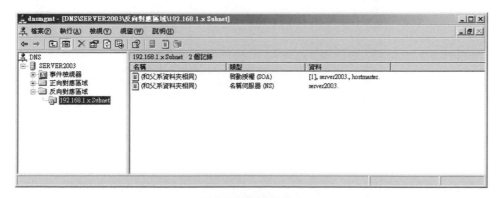

反向對應區域的設定

　　在多數的DNS對應中，用戶端基本上執行正向對應，此對應是依據另一台電腦DNS名稱的搜索，這樣的查詢需要一個IP位址，作為已回應的資源資料，因此DNS提供一個反向對應處理的機制，可讓使用者在進行名稱查詢期間使用已知的IP位址，並依據其位址來尋找電腦名稱，而反向對應會使用問題的格式，DNS的原始設計不是為了支援此類型的查詢，因此為了能夠支援反向查詢程序所產生問題，就是如何解決在

DNS名稱區組織、索引名稱以及如何指派IP位址上的問題,而如果直接在DNS名稱區的所有網域中搜尋,具整個反向查詢會因為所花費時間太長而導致沒有效率。因此定義了一個特殊的網域(in-addr.arpa網域),而且這個網域資料會保留在Internet DNS名稱區中,以提供實用又可靠的執行反向查詢的方法,因此在建立反向名稱區時,必須使用IP位址的十進位小數點表示法的反向排序,來形成in-addr.arpa網域中的子網域。

以下僅針對與正向對應區域不同的部份進行介紹,相同的部份在此就不再贅述了。

◆新增指標

可以建立新的指標,將主機的IP編號對應到主機名稱,主機名稱的設定可以直接依照規定輸入,或是使用瀏覽的功能,選取目前已設定的主機名稱即可。

新增指標的設定

完成指標的新增後,在反向對應區的記錄清單中,將會顯示剛剛所設定好的指標,以及IP名稱所對應的資料。

完成指標的新增

◆新增別名

　　別名的設定，可為為所指定的目標主機建立一個對應的別名，而網域名稱將會自動產生符合規定的格式。

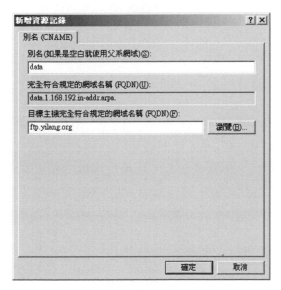

新增別名

　　完成別名的新增後，在記錄清單中，會顯示新增的別名以及對應的資料，以供我們進行確認。

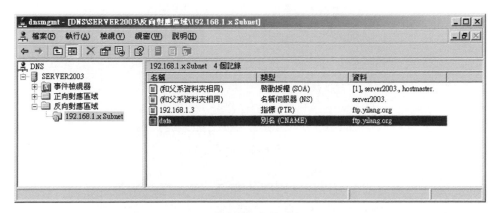

完成別名的新增

環境的設定

對於整個網域的運作模式以及環境的設定，可以直接透過內容進行調整，包括了一般項目、啟動授權、名稱伺服器、WINS以及區域轉送等項目，接著將繼續介紹這些項目的設定，將DNS伺服器調整成符合實際需求的運作環境。

◆一般

在「一般」標籤頁中，在這可以針對目前的使用狀態進行控制，包括了服務的狀態以及類，另外也可以設定區域檔案的名稱與動態更新的設定，可以變更到其它的類型，包括了「主要區域」、「次要區域」以及「虛設常式區域」。

其中「虛設常式區域」為區域複本，其僅包含識別該區域系統授權Domain Name System（DNS）的必要資源記錄，而虛設常式區域是用來讓主控上層區域的DNS伺服器，能夠知道其子區域的授權DNS伺服器，以便維護DNS伺服器名稱解析的效率。

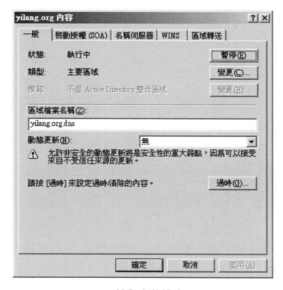

一般內容的設定

在清除過時的資料上，可以設定時間的間隔，如果啟動清除的功能，則預定的時間到達時，將會清除過時資源記錄。

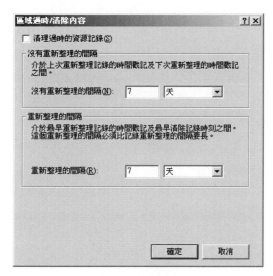

過時資料的處理

◆啟動授權（SOA）

　　DNS伺服器會與其它的DNS伺服器進行資源記錄的交換，因此在這必須設定更新的時間，以及指定主要伺服器，另外在重新整理的間隔上，可以使用預設的值，如果想要縮短資源記錄交流的時間間隔，則可以在這進行設定，起始授權（SOA）資源記錄是任何標準區域中的最重要的設定，它會指示最初建立它的DNS伺服器，或是該區域現在的主要伺服器，也可以用來儲存其他內容，這些內容包括了版本資訊及影響區域更新或逾期的時間，這些內容都會影響到DNS伺服器之間的轉送頻率。

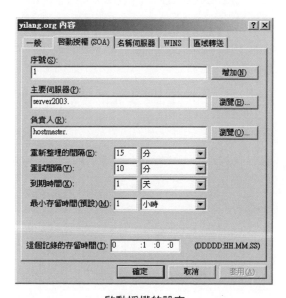

啟動授權的設定

◆名稱伺服器

　　「名稱伺服器」標籤頁，可以新增其它的名稱伺服器，針對現有的名稱伺服器也可以編輯相關的內容，在這主要需要確定所使用的網域名稱以及IP位址的對應是否正確。

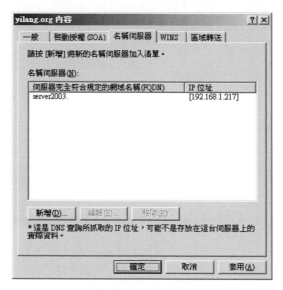

名稱伺服器的設定

　　編輯名稱伺服器的記錄時，可以變更伺服器所使用的網域名稱以及對應的IP位址，如果有多個IP位址，可以調整查詢的順序。

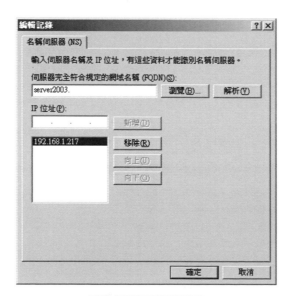

編輯名稱伺服器的記錄

◆WINS

　　WINS伺服器可以提供DNS伺服器進行名稱查詢時，發生找不到的情況，利用WINS伺服器可以提供正向對應，不過仍然需要提供對應的IP位址，使用WINS及DNS服務，可分別為NetBIOS名稱區以及DNS網域名稱區提供名稱解析，雖然DNS以及WINS都可以將不同及有用的名稱服務提供給使用者，早期的作業環境主要還是由WINS來提供名稱解析的支援。

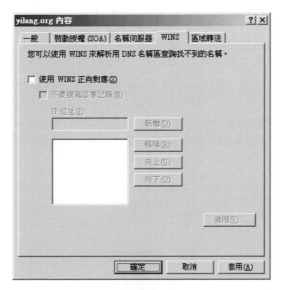

WINS的設定

　　在進階功能的設定中，可以輸入快取逾時等候時間以及對應逾時等候時間，可以使用預設的值即可。

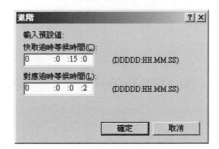

進行功能的設定

◆區域轉送

因為網域在DNS中扮演了重要的角色，所以在解析名稱查詢時，會預定為可從網路上的多個DNS伺服器上來使用，以提供可用性及容錯性，否則如果使用單一伺服器且伺服器未回應時，在區域中查詢名稱會失敗，因此管理區域的附加伺服器會要求區域傳送以複寫，並同步處理所有的區域複本，該複本使用於每個指定為管理區域的伺服器上。

「區域轉送」標籤頁可以提供一份區域複本傳送給發出要求的伺服器，啟用允許區域轉送的功能後，就可以針對轉送的方式進行選擇，在這提供了「到任何一台伺服器」、「只到列在名稱伺服器索引標籤上的伺服器」以及「只到下列伺服器」三種選擇，如果使用最後一種方式，則必須再另外指定伺服器所使用的IP位址。

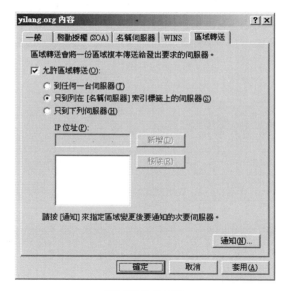

區域轉送的設定

如果想要在區域變更時自動通知次要伺服器，則可以啟用自動通知的功能，可以直接使用列在「名稱伺服器」索引標籤中的伺服器，否則必須自行輸入想要通知的伺服器位址。

自動通知的設定

　　DNS伺服器的管理是一項重要的工作，尤其在資源記錄的設定上，對於主機、郵件交換程式、別名、名稱伺服器、委派的設定，會影響到整體的運作模式，而 DNS伺服器的建置，可以與WINS伺服器以及Active Directory的環境一起建置，因此在建置DNS伺服器時，需要考量到不同服務之間的搭配問題。

6-4　相關環境測試

　　DNS伺服器設定完成後，最重要的一件事就是確定我們所設定的主機、別名、郵件交換程式等相關的設定是否發揮作用，因為DNS伺服器與其它的DNS伺服器在資源記錄的交換上，需要一段時間，所以如果立即要進行測試，可以直接將本機DNS伺服器指向所架設完成的DNS伺服器，就能夠立即查詢所設定的結果是否正確。

　　在這一節中將介紹nslookup這個工具程式，以及針對特定的服務進行的測試，包括了主機、郵件交換以及名稱伺服器的測試，由測試的結果，就可以提供我們進一步的確認所設定的參數與DNS伺服器運作的環境，符合實際使用上的需求。

測試工具

　　在Windows作業系統中，提供了一個相當方便的工具程式，只需要透過「命令提示字元」中執行「nslookup」指令，就可以進入查詢網域名稱對應畫面，輸入想要查詢的網域，或是針對特定的主機、別名、郵件交換等查詢，可以確定目前所提供服務的DNS伺服器是否能夠正確的轉譯。

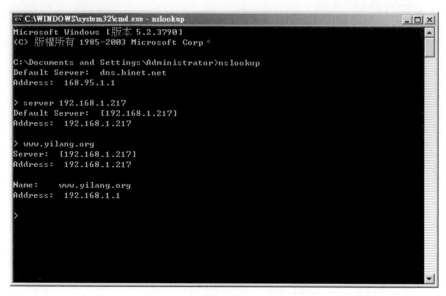

命令提示字元

利用server指令,可以變更進行查詢的DNS伺服器,例如:想要查詢192.168.1.209 DNS伺服器上的設定,則可以在執行nslookup程式後,再輸入「server 192.168.1.209」即可將提供查詢的DNS伺服器變更成指定的DNS伺服器。

進階測試

以目前網路環境的規劃而言,DNS伺服器、郵件伺服器大多會建置兩台以上,以提供備援的機制,因此可以透過DNS伺服器進行查詢,確定不同的伺服器之間的優先順序,這些會影響到由那一台伺服器來提供服務,因此透過一些測試,就可以瞭解目前的情況。

◆郵件交換程式的測試

使用「set type=MX」指令,將查詢模式設定成查詢郵件交換的設定。

```
> set type=MX
> yilang.org
Server:  [192.168.1.217]
Address:  192.168.1.217
yilang.org
```

```
            primary name server = server2003
            responsible mail addr = hostmaster
            serial  = 12
            refresh = 900 (15 mins)
            retry   = 600 (10 mins)
            expire  = 86400 (1 day)
            default TTL = 900 (15 mins)
> mail.yilang.org
Server:  [192.168.1.217]
Address:  192.168.1.217
mail.yilang.org MX preference = 10, mail exchanger = mail.yilang.org
mail.yilang.org internet address = 192.168.1.2
```

◆名稱伺服器的測試

使用「set type=NS」指令，將查詢模式設定成查詢名稱伺服器的模式。

```
> set type=NS
> yilang.org
Server:  [192.168.1.209]
Address:  192.168.1.209
yilang.org      nameserver = ns1.
yilang.orgyilang.org      nameserver = ns2.yilang.org
ns1.yilang.org  internet address = 192.168.1.209
ns2.yilang.org  internet address = 192.168.1.11
```

　　DNS伺服器會影響到其它伺服器的運作，尤其是Web以及Mail伺服器，因此在完成DNS伺服器設定時，務必進行環境的測試，以確定目前在DNS伺服器上所設定的項目與參數，都能夠正確的提供轉譯的服務。

Memo

Chapter 7

郵件伺服器

7-1 安裝與設定郵件伺服器

Windows Server 2003提供了郵件伺服器的服務，包括了POP3以及SMTP兩項服務，可以提供使用者收信與發信的動作，在這一節中將先針對郵件伺服器的安裝進行介紹，後續的章節再深入POP3以及SMTP的設定，並且結合使用者的管理與磁碟限額進行郵件伺服器的管理。

郵件伺服器的安裝

郵件伺服器可以直接透過新增伺服器角色的方式，進行安裝的程序，在安裝的過程中會自動複製相關的檔案，並且進行系統環境的設定，會安裝POP3以及SMTP的服務，在安裝的過程中，需要針對POP3服務提供相關的資料，包括了使用者驗證的方法以及電子郵件網域名稱，在驗證方法的設定中，可以由下拉式的選單選擇使用「本機Windows帳戶」或是「安全性密碼驗證」，而電子郵件網域名稱，則是輸入已註冊的網域名稱，例如：yilang.org或是mail.yilang.org，這必須配合DNS伺服器的設定，相關的設定可以參考前一個章節的說明。

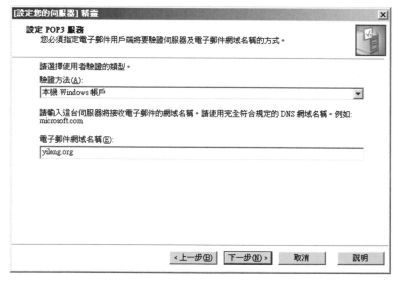

設定POP3服務

接著會顯示預備進行安裝與設定的項目，包括了POP3以及SMTP的服務，同時安裝這兩個通訊協定，就可以讓使用者透過伺服器進行郵件的收發。

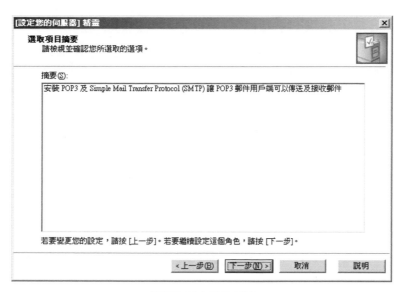

預備進行安裝的項目

　　在安裝的過程中，將會複製相關的檔案，並且進行系統環境的調校，就可以完成郵件伺服器的安裝程序了，同樣會將目前所安裝的郵件伺服器，整合到「管理您的伺服器」管理界面，讓系統管理人員可以直接在這就能夠進行郵件伺服器的設定。

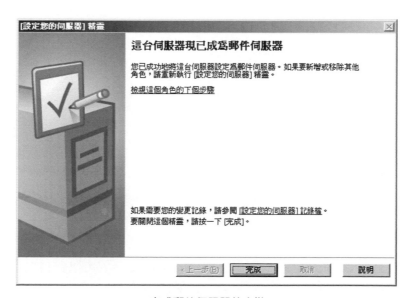

完成郵件伺服器的安裝

　　郵件伺服器的安裝，會將POP3以及SMTP一起安裝到系統中，不過所使用的管理界面並不相同，在後續的章節中，將會分別針對這兩個通訊協定進行介紹，也包括詳細的設定內容。

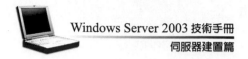
7-2　POP3與SMTP設定

　　電子郵件是目前網際網路上最常使用的網路服務之一，而POP3以及SMTP是郵件伺服器不可或缺的兩個主要的服務，在進行伺服器的環境的設定之前，必須先對於這兩者深入的進行瞭解，對於未來郵件伺服器的管理，以及系統的設定上更得心應手。

認識POP3

　　POP3可以提供用戶端使用電子郵件用戶端軟體進行郵件的接收，而電子郵件就會從伺服器傳回用戶端的電腦中，在本機端就可以進行郵件的管理，Outlook Express、Eudora等郵件軟體就可以支援POP3通訊協定，進行郵件的接收。

POP3的設定

　　由「POP3 Service」管理工具就可以針對目前已提供POP3的網域進行設定，在同一台伺服器中，可以建立多個網域，例如：mail.yilang.org、mail.yilang.net等，不同的網域可以建立個別的使用者，並不會互相影響，在管理畫面中會顯示目前建立管理的網域清單，另外如果想要管理另一台POP3伺服器，也可在這建立連線，整合多台伺服器的管理界面。

POP3 Service

　　點選伺服器就可以顯示目前這個伺服器上的網域設定，可以針目前現有的網域進行管理、新增網域或是檢視伺服器的內容，在網域的資料中，可以直接瞭解目前該網路的信箱數目以及網域所佔用磁碟的容量。

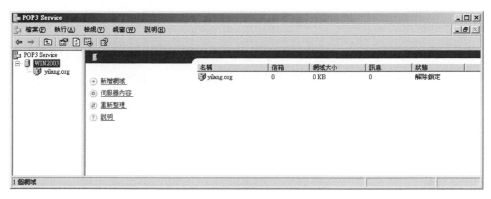

伺服器的管理

在伺服器的內容中，顯示了目前POP3伺服器所使用的連接埠、記錄層級的設定，以及根郵件的目錄位置，另外在這也提供兩個選項，分別是「所有的用戶端連線都需要安全性密碼驗證（SPA）」以及「永遠為新增信箱建立關聯的使用者」，這兩個選項可以依據伺服器的管理方式進行設定。

POP3伺服器的內容

認識SMTP

SMTP通訊協定，可以將電子郵件從寄件者發送到收件者的電子郵件傳送系統，使用者大多在郵件軟體中進行郵件的撰寫，然後使用SMTP服務作為電子郵件傳送系統，電子郵件就會傳送到郵件伺服器，然後再由郵件伺服器透過網際網路傳送到收信者的郵件伺服器，等待對方連上郵件伺服器後，就可以看到我們所寄出的郵件內容。

SMTP的管理

由「電腦管理」中的網際網路資訊服務（IIS）管理員，就可以找到SMTP虛擬伺服器的服務，在這也可以確定目前的狀況，必須是在執行中的狀況才能夠提供使用者寄信的服務。

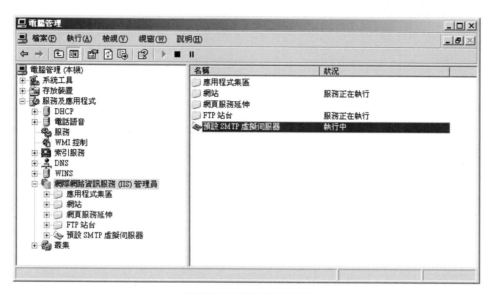

網際網路資訊服務管理員

◆一般

在「一般」標籤頁中，可以設定提供SMTP服務的IP位址，一般而言會使用伺服器目前所使用的IP位址，不過如果是提供使用者由網際網路寄信的服務，則必須使用合法的IP位址，另外在這可以設定限制連接數量以及連接的等待時間，也可以選擇是否啟用日誌記錄，並且針對記錄的內容進行設定。

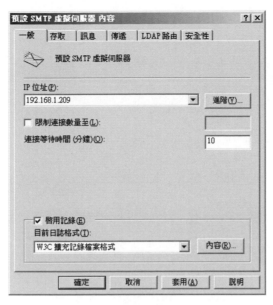

一般內容的設定

　　在「進階」設定中，可以為這個虛擬伺服器設定多個身分，使用兩個以上的IP位址，不過如果有實際的需求再進行這項設定，否則一般的情況下，大多只有一組IP位址與使用標準的TCP連接埠。

進階設定

　　在記錄內容的「一般」標籤頁中，可以設定新增記錄的排程，一般而言都是設定成一天，每天會自動建立一個記錄檔案，儲存在指定的記錄目錄中，日後需要檢查特定日期的記錄時，可能容易的找到需要的檔案。

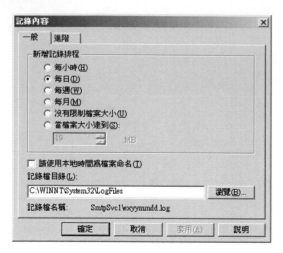

記錄內容的一般設定

在記錄內容的「進階」標籤頁，則是可以依據實際的需求，擴充記錄的項目，除了日期與時間是必要的項目外，其它的擴充內容就依實際想要瞭解的項目進行選取。

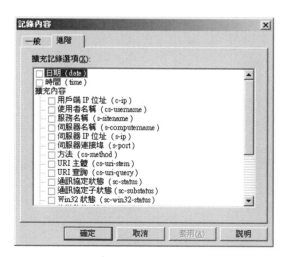

記錄內容的進階設定

◆存取

在「存取」標籤頁中，提供了「存取控制」、「安全通訊」、「連接控制」以及「轉接控制」等四種不同的存取模式可供設定，以下將分別針對這些存取控制進行介紹。

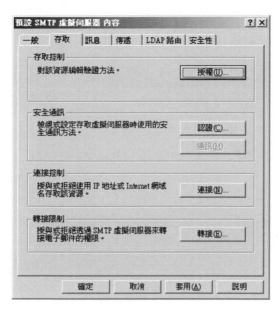

存取項目的設定

在「驗證」項目中，可以針對是否提供匿名存取控制、基本驗證或是整合的
Windows驗證進行設定，可以同時使用這些項目，不過一旦勾選了這些項目，都會影
響使用者透過SMTP進行寄信時的處理模式，一般而言如果想要針對寄信的機制進行
控制，都會關閉匿名存取的功能。

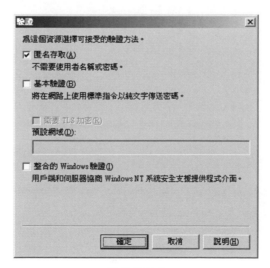

驗證的設定

在「連接」的設定中，提供了存取SMTP服務的限制，可以限定或是允許在清單
中的IP位址或網域名稱，才能夠使用SMTP的服務，對於一些SPAM郵件而言，可以透

過這樣的控制方式進行阻擋的動作，以拒絕廣告郵件透過我們所架設的郵件伺以器寄
信給其它人。

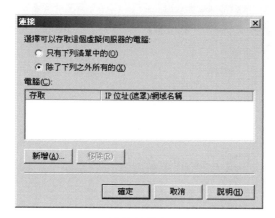

連接的設定

而轉接限制的設求，與連接的設定一樣，都可以將想要允許或是阻擋的來源進行
限制。

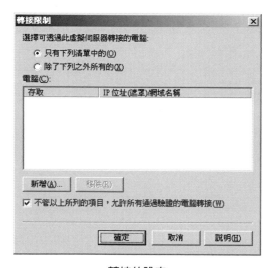

轉接的設定

◆訊息

「訊息」標籤頁中，則提供了各種郵件大小、工作階段大小、郵件數量等項目的
限制，可以依據實際的需求進行設定即可。

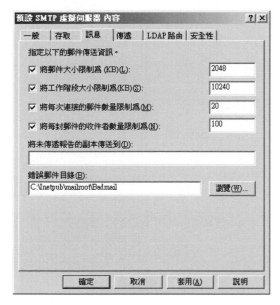

訊息的設定

◆傳遞

　　在傳遞郵件的過程中，也許會因為收信者所使用的郵件伺服器無法建立連線等情況，而造成無法立即傳遞，在這可以設定重試的時間間隔，另外也可以針對「傳出安全性」、「傳出連接」以及「進階」功能進行設定。

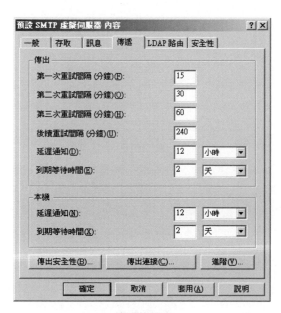

傳遞的設定

在「傳出安全性」中，可以選擇是否要提供「匿名存取」、「基本驗證」、「整合的Windows驗證」以及「TLS加密」處理的功能，如果不想讓不經驗證的使用者透過郵件伺服器進行郵件的傳遞，則可以避免使用「匿名存取」的項目。

傳出安全性

在傳出連接的設定中，主要是限制連線的數量、等待的時間以及限制每個網域連線數量，另外也可以指定傳出時使用者TCP連接埠。

傳出連接

在「進階傳遞」的設定中，可以設定最大的躍點計數，可以在傳遞超過指定的計數時，就自動丟棄所傳遞的郵件，也在安全的考量上，設定偽裝的網域，在這也提供了完成合格的網域名稱以及智慧主機的設定，可以對接收的郵件執行反向DNS尋找，以確定是否為被修改過的郵件。

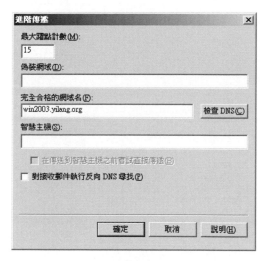

進階傳遞

◆LDAP路由

在「LDAP路由」標籤頁中,主要是針對LDAP伺服器,架構、連結方式、網域、使用者名稱、密碼以及基礎進行設定,通過驗證後才能進行傳遞的處理程序。

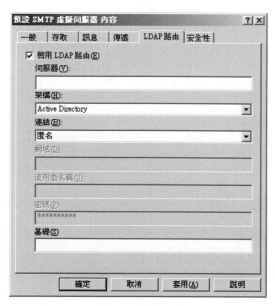

LDAP的設定

Windows Server 2003 技術手冊
伺服器建置篇

◆安全性

在「安全性」標籤頁中，可以設定操作員，只有操作員可以對伺服器進行設定的
管理工作。

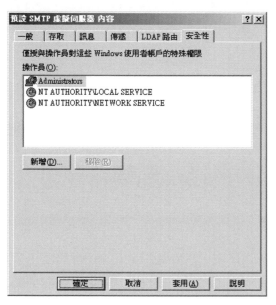

安全性設定

以上是關於SMTP的設定項目，在設定SMTP時，比設定POP3需要考量到更多的
問題，尤其是寄信者的身分驗證問題，完整的驗證程序，可以避免所架設的郵件伺服
器淪為廣告郵件的轉寄站。

7-3 使用者的管理

想要透過郵件伺服器收發郵件，必須先在伺服器上擁有專屬的信箱，在這一節中
主要是針對使用者的進行管理，可以建立新的信箱，也可以針現有的信箱進行設定，
再配合磁碟配額的限制，提昇伺服器對於郵件使用上的控制，也可以避免因為磁碟空
間不足而影響到伺服器的運作。

新增使用者信箱

使用「新增信箱」的功能，就為不同的使用者建立新的信箱，在這必須輸入信箱
的名稱以及所使用的密碼，另外建議為不同的信箱建立關聯的使用者。

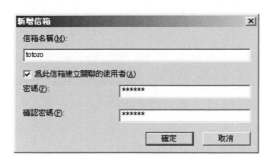

新增信箱

完成信箱的新增後，將會顯示新信箱的相關資訊，包括了帳戶名稱、郵件伺服器等資訊，這些資訊又因為所使用的驗證方式不同，而必須提供相對應的資料，才能夠順利的使用郵件伺服器所提供的服務。

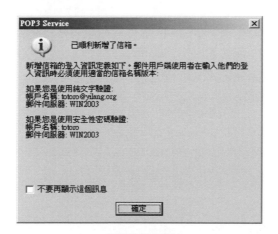

新信箱的資訊

在POP3 Service的管理畫面中，就可以看到目前所建立的信箱，也可以在這得知每個信箱的使用狀態，包括了信箱的大小、訊息的數量以及目前的狀態。

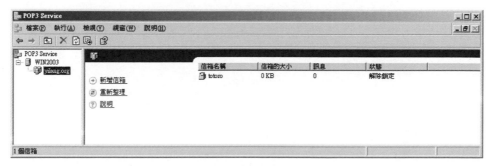

目前的信箱清單

磁碟配額

對於磁碟空間的使用而言，可以透過磁碟配額的設定，進行郵件伺服器上個別信箱所能使用的磁碟空間容量限制，除可以確保個別信箱以及整體郵件儲存區，不會使用過度或未預期的磁碟空間容量，而可能對執行POP3服務的伺服器效能有不良影響，例如：當郵件伺服器收到大家未經要求的電子郵件時，郵件儲存區會快速的增加，將會佔用大量的磁碟空間，甚至會因此而影響到伺服器的運作，如果執行磁碟配額，則郵件儲存區只會擴張到指定的配額限制。因此，伺服器不會再接受任何郵件，而且伺服器的其他部分也仍然可以正常發揮功能。

如果使用Active Directory整合式驗證或本機Windows帳戶驗證，則傳送到POP3服務信箱的電子郵件預設會將檔案擁有權指派給信箱使用者，信箱目錄中會建立配額檔，檔案中包含與該信箱關聯之使用者帳戶的安全性識別元，而系統會將檔案擁有權指派給對應至配額檔中內含SID的使用者帳戶，同時NTFS檔案系統磁碟配額系統也會使用此SID，在符合SID的使用者帳戶上強制執行指定的配額限制，傳送到信箱郵件儲存區的所有電子郵件都會以配額檔中內含的SID來標示；電子郵件的這種標示使它可以受配額系統的監視。

國家圖書館出版品預行編目

Windows Server 2003 技術手冊. 伺服器建置篇 /
蔡一郎, 許雅惠著. -- 一版. -- 臺北市 :
秀威資訊科技, 2004[民 93]
　面；　公分

ISBN 978-986-7614-27-8(平裝)

1. 網際網路

312.91653　　　　　　　　　93009591

電腦資訊類　AD0002

Windows Server 2003 技術手冊
一伺服器建置篇

作　　者 / 蔡一郎、許雅惠
發 行 人 / 宋政坤
執行編輯 / 李坤城
圖文排版 / 張慧雯
封面設計 / 莊芯媚
數位轉譯 / 徐真玉　沈裕閔
圖書銷售 / 林怡君
網路服務 / 徐國晉
出版印製 / 秀威資訊科技股份有限公司
　　　　　台北市內湖區瑞光路 583 巷 25 號 1 樓
　　　　　電話：02-2657-9211　　傳真：02-2657-9106
　　　　　E-mail：service@showwe.com.tw
經 銷 商 / 紅螞蟻圖書有限公司
　　　　　台北市內湖區舊宗路二段 121 巷 28、32 號 4 樓
　　　　　電話：02-2795-3656　　傳真：02-2795-4100
　　　　　http://www.e-redant.com

2006 年 7 月 BOD 再刷
定價：540 元

讀 者 回 函 卡

感謝您購買本書，為提升服務品質，煩請填寫以下問卷，收到您的寶貴意見後，我們會仔細收藏記錄並回贈紀念品，謝謝！

1. 您購買的書名：_____

2. 您從何得知本書的消息？

　　□網路書店　□部落格　□資料庫搜尋　□書訊　□電子報　□書店

　　□平面媒體　□ 朋友推薦　□網站推薦 □其他_____

3. 您對本書的評價：(請填代號　1.非常滿意 2.滿意 3.尚可 4.再改進)

　　封面設計____　版面編排____　內容____　文/譯筆____　價格____

4. 讀完書後您覺得：

　　□很有收獲　□有收獲　□收獲不多　□沒收獲

5. 您會推薦本書給朋友嗎？

　　□會　□不會，為什麼？_____

6. 其他寶貴的意見：_____

　　_____

　　_____

　　_____

讀者基本資料

姓名：_____ 年齡：_____ 性別：□女 □男

聯絡電話：_____ E-mail：_____

地址：_____

學歷：□高中(含)以下　□高中　□專科學校　□大學

　　　□研究所(含)以上 □其他_____

職業：□製造業 □金融業 □資訊業 □軍警 □傳播業 □自由業

　　　□服務業 □公務員 □教職　□學生 □其他_____

秀威與 BOD

BOD（Books On Demand）是數位出版的大趨勢，秀威資訊率先運用 POD 數位印刷設備來生產書籍，並提供作者全程數位出版服務，致使書籍產銷零庫存，知識傳承不絕版，目前已開闢以下書系：

一、BOD 學術著作—專業論述的閱讀延伸
二、BOD 個人著作—分享生命的心路歷程
三、BOD 旅遊著作—個人深度旅遊文學創作
四、BOD 大陸學者—大陸專業學者學術出版
五、POD 獨家經銷—數位產製的代發行書籍

BOD 秀威網路書店：www.showwe.com.tw
政府出版品網路書店：www.govbooks.com.tw

永不絕版的故事・自己寫・永不休止的音符・自己唱